劳动就业培训系列

许平 孙洪宝 王艺 主编

中原出版传媒集团
中原农民出版社

本书作者

主　编　许　平　孙洪宝　王　艺

副主编　高清顺　汤国强　史美玲

示　范　许　平　孙洪宝　汤国強　崔永波　许小娟

摄　影　车　夫　许　平　琦　琦

图书在版编目（CIP）数据

金足脚艺/许平，孙洪宝，王艺主编.—郑州：中原出版传媒集团，中原农民出版社，2011.7
（劳动就业培训系列）
ISBN 978-7-80739-940-7

Ⅰ.①金…　Ⅱ.①许…　②孙…　③王…　Ⅲ.①足-保健-基本知识　Ⅳ.①TS974 1

中国版本图书馆CIP数据核字（2011）第071408号

出版：中原出版传媒集团　中原农民出版社
（地址：郑州市经五路66号　电话：0371—65751257

邮政编码：450002

发行单位：全国新华书店

承印单位：河南新华印刷集团

开本：710mm×1010mm　1/16

印张：15.5　**字数：**212千字

版次：2011年7月第1版　**印次：**2011年7月第1次印刷

书号：ISBN 978-7-80739-940-7　**定价：**48.00

技能咨询请连线许平、孙洪宝先生

许平：15188322033　QQ：1799179939

在缺技工不缺博士的年代
实实在在的岗位比待业重要
一技之长比一张文凭重要
岗位不分贵贱
学什么都是为了生存
做什么都是为了责任
能创业就意味着你有能力
观念和勤奋能帮你打开就业和创业之门

——编者寄语

作者简介

许平，中医按摩师、高级修脚师，曾研修过河南省中医学院一附院高清顺、彭利群、张世卿等几位专家的按摩技术以及中医理论。在江苏省扬州市学习了江南多位修脚名师的绝技，还研读了《扬州修脚工艺技术》、《杂病源流犀烛》、《医宗金鉴》、《验方新编》、《外科证治全生集》、《外科正宗》、《石室秘录》、《图解千金方》、《寿世保元》、《陆琴脚艺》、《中国皮肤病秘方全书》，吸取了书中内在的精华。

许平在20多年的临床工作实践中，把几位前辈的技术、技艺融会贯通，精益求精，不断学习创新。现任河南省中医学院职业技能培训鉴定中心监考评委；国研茗萃（北京）国际医药研究院院士。曾著书《学足浴按摩》、《学修脚の非常脚艺》，希望传技育人，助人健康，为民造福。擅长修治各种疑难脚病、癣症；中药敷贴颈、肩、腰、腿、骨关节痛症以及疮疡。

前　言

健康之路，始于足下。人体许多经络都起源于脚，养生先养足。人之有脚，犹如树之有根，根深才能叶茂，足健才能体康。现代医学家把脚称为人体的第二心脏，有健康的双足，才能站得稳，走得远。

修脚行业历史悠久，但修脚技艺却一直沿袭着以师带徒的传教方式。师傅带徒弟总是要留一手的，绝技嘛，当然是知识产权喽，自我保护是情理之中的事。实际上常见的脚病不见得非要求助名师的修治绝技，普通的刀法和药物一样能使脚疾康复。刚入门的修脚师只要用心去钻研，苦练基本功，刀法精湛，用药有方，一样能手到病除。

为了给修脚师引一条正道，我总结了多年修治脚病的实践经验，整理编写了《金足脚艺》，希望对读者有所帮助。

本书编写时，扬州高级修脚师孙洪宝先生鼎力相助，并亲手操刀示范。书稿在与孙先生技术交流中得以升华。

本书详细介绍了修脚工具、手法、刀法、足部常见疾病的治疗及护理，开店知识与企业文化。还收录了许多实用的方剂，并附有药浴、导引疗法。特别要说明的是内服药只能作参考，不能照搬照用。

由于经验不足，难免有错漏之处，希望同仁指正。

许　平

2009年1月于郑州

许平已出版的其他作品

邮购电话：0371−65751257

作者与扬州修脚大师孙洪宝先生及学员

作者与国研茗萃国际医药研究院研究员崔永波（左三）、足健康研究会常务理事考评员汤国强（右二）等

作者与许氏传人许小娟（右二）及学员

作者与中医学院硕士生导师周适峰（前排左三）、中医学院讲师李秋杰（左一）、中医学院副教授马谕（右一）、 中医学院考评员侯国丽（右二）

目录

第一章　修脚技能技巧

第四章　望甲识斑巧诊病

第五章　足部日常保健

第六章　足病预防及神奇的药浴疗法

第七章　开店必读

第一章　修脚技能技巧

修脚之道：三分手艺，七分家伙。

扬州修脚之所以名扬天下，其法宝就是刀法。

扬州刀法之所以精，讲究的是丝毫不差。

刀进一毫则除根，再多一毫则伤根。

修脚师的手艺要展示出来，靠的就是一把刀。

名师之道在于选刀、磨刀、用刀自有一套。

第一节　图说足部生理学常识

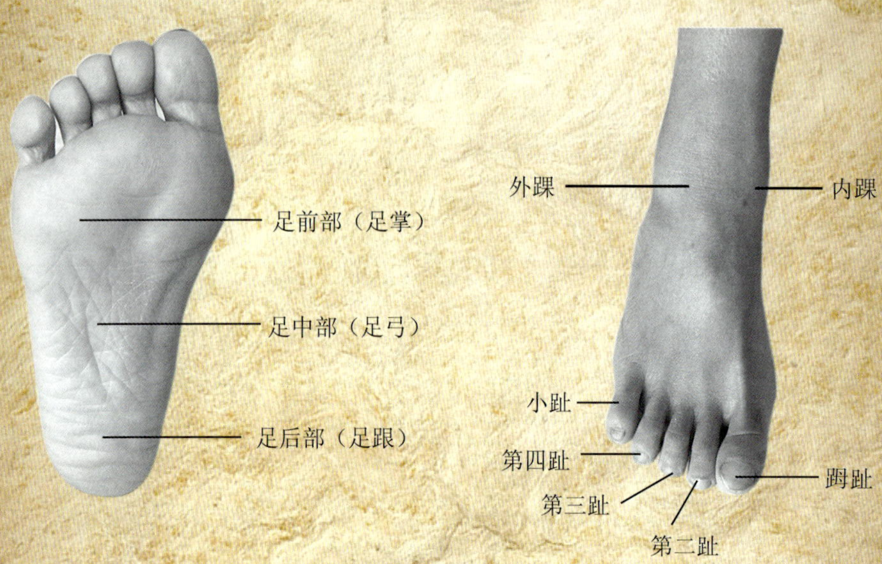

足各部位名称

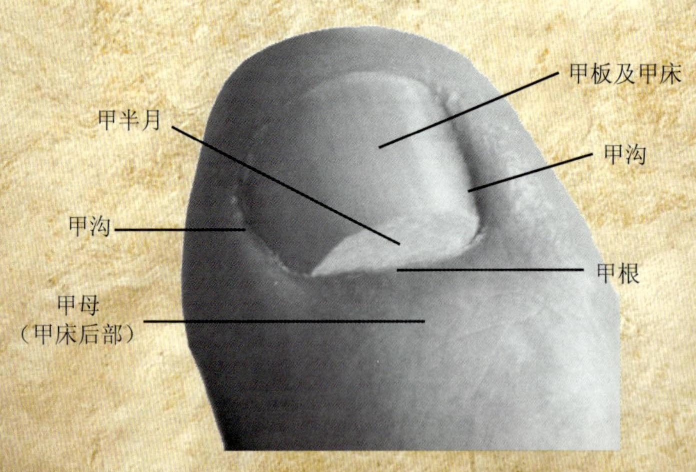

趾甲的构造

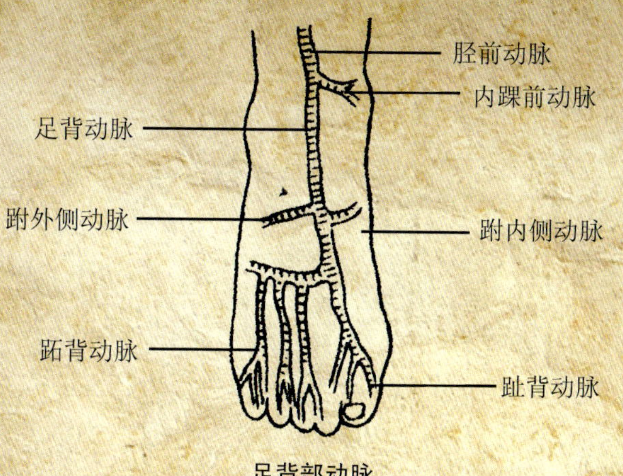

足背部动脉

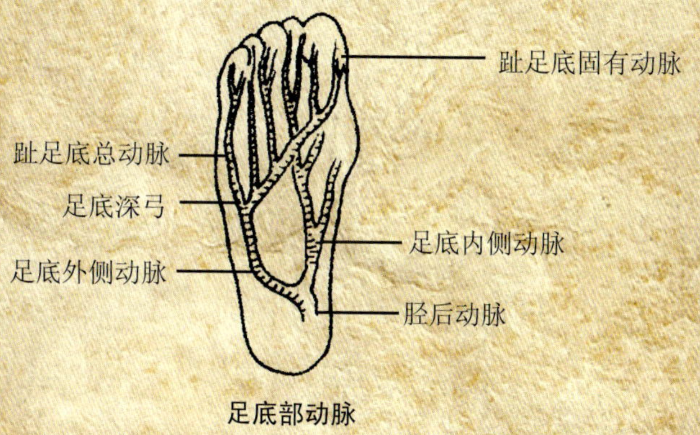

足底部动脉

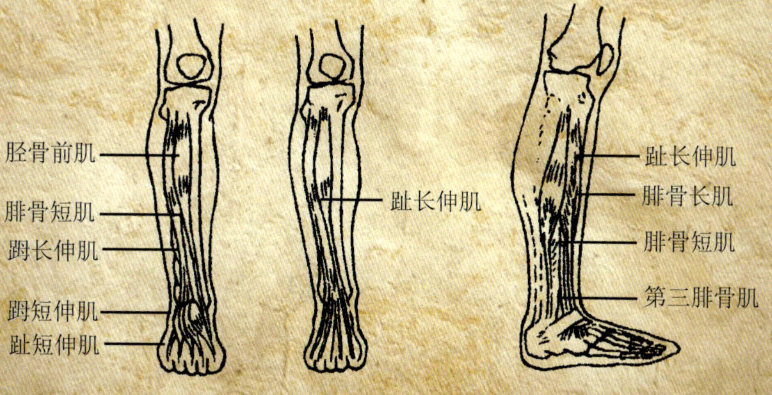

足背部肌肉

跟骨
距骨
跗骨间关节
足舟骨
骰骨
内侧楔骨
外侧楔骨
中间楔骨
跗跖关节
跖骨
跖趾关节
趾骨
趾骨间关节
足部骨骼

胫骨
内踝
内侧楔骨
第一跖骨
距骨
足舟骨
跟骨
横弓
纵弓
足弓

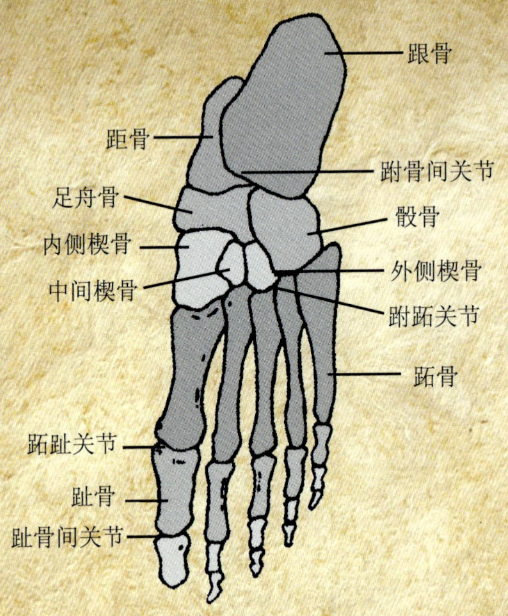

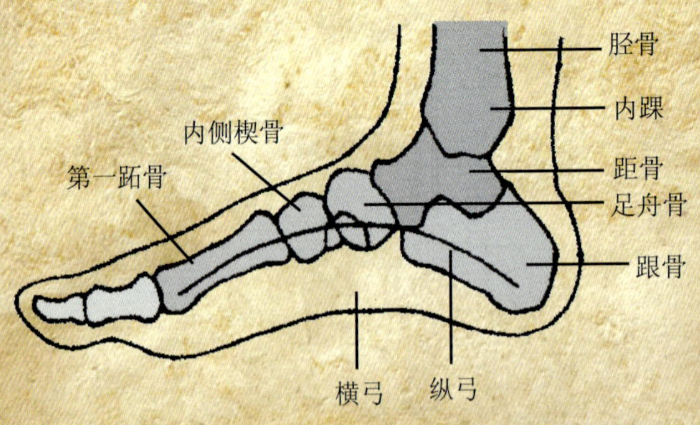

正常

内腿足

平足

弓状足

足形种类

第二节　修脚专用刀具及保养

一、修脚师常备工具、用具和药物药品

1. 工具

刀盒、锛刀1把、片刀1把、条刀1把、修刀2把、断刀1把、钎刀1把、小号刮刀1把、大号刮刀1把、药勺1个、镊子1把、止血钳1把、剪刀1把。

刀盒

（1）锛刀　刀柄厚，刀口宽12毫米，厚3毫米，长190毫米。适用于各种厚趾甲，如灰趾甲的去薄。

锛刀

（2）片刀　宽25毫米，长190毫米，厚3毫米，刀口薄而宽。适用于片削各种脚垫、老茧。

片刀

（3）条刀　刀口开刃于斜面，上宽下窄，上宽12毫米，下宽8毫米，厚3毫米。适用于修两趾之间对趾垫、鸡眼、疣。

条刀

（4）修刀　长190毫米，刀口宽8毫米，厚3毫米，刀口比片刀小，并开刃于侧斜面。适用于修甲、嵌甲、甲沟炎等。

修刀

（5）断刀　长190毫米，宽8毫米，厚3毫米。用于修整指甲横断面及毛刺。

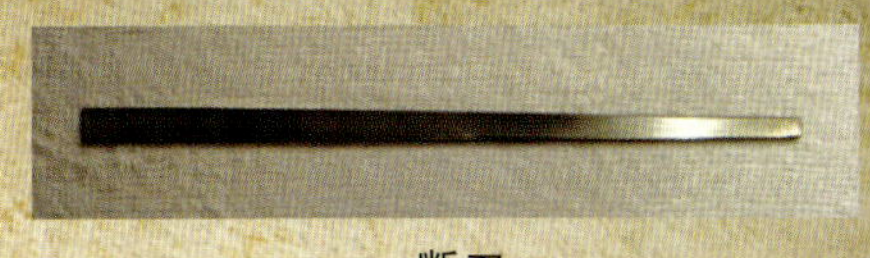
断刀

（6）钎刀　长190毫米，宽5毫米，厚3毫米。刀口尖，一边有斜刀。前端细窄适用于指甲根部、嵌甲、甲沟炎、鹰爪甲、鸡眼、疣的修治。

钎刀

（7）小号刮刀　双面钝刃。适用于刮趾与趾间。方便实用，容易操作，不伤皮肤。

小号刮刀

（8）大号刮刀　刃开侧面。适用于刮去脚底板、脚后跟、脚底板两侧的死皮。

大号刮刀

（9）药勺　上药用，如用于灰指甲、鸡眼、脚垫等。

药勺

（10）镊子　有齿者较实用，便于夹纱布、棉球等，也可以用来夹持角质皮等。

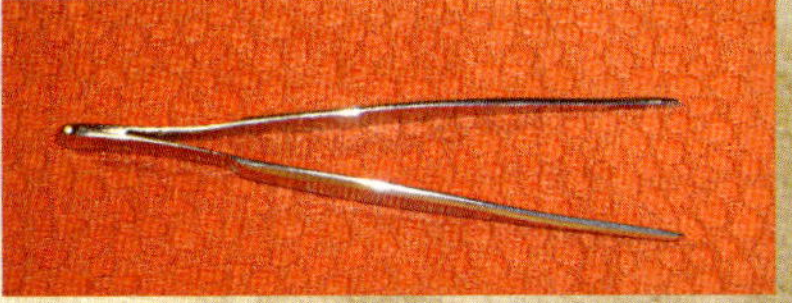
镊子

（11）止血钳　可夹持角质硬块和疣体等。

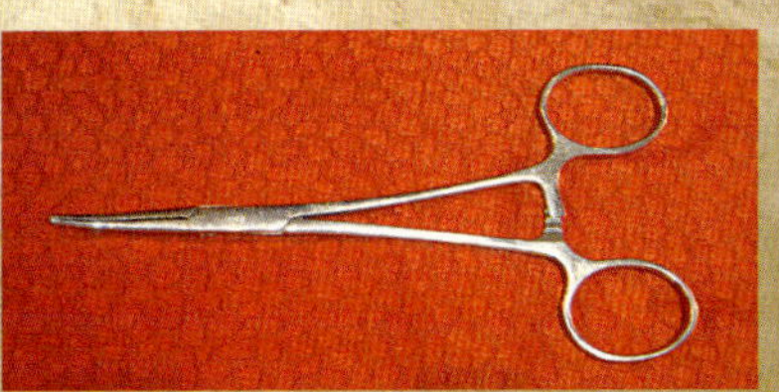
止血钳

（12）剪刀　可剪胶布、纱布。

剪刀

2.用具

主要有酒精棉球盒、碘酒棉球盒、酒精灯、消毒盒、自制药铲、喷水壶、搓脚板、工作灯、出诊箱、手术车、打火机等。

搓脚板

工作灯

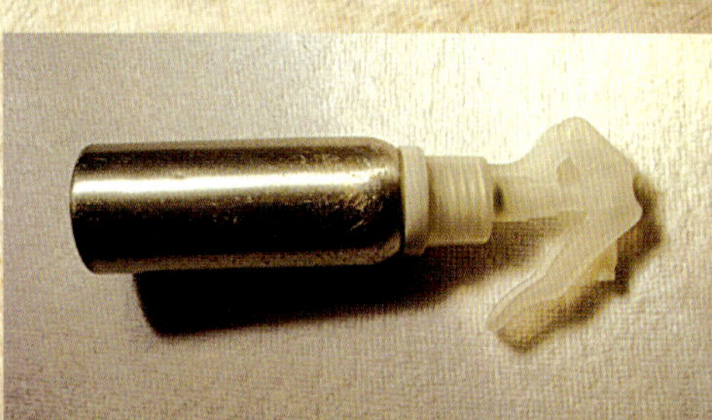
喷水壶

手术车

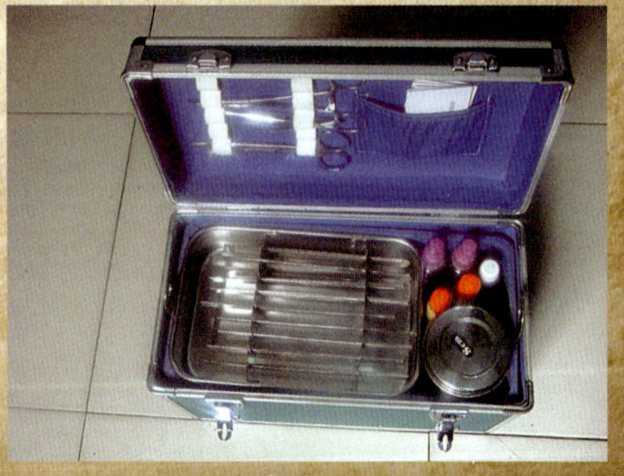
出诊箱

3.药物药品

修脚常用的药物药品有酒精、消炎膏、止血粉、胬肉消、提脓生肌散、灰指甲膏、脚垫膏（净）、疣膏、鸡眼膏、碘酒、棉球、医用纱布、医用胶布、脚气灵喷剂、双氧水喷剂、脚气膏、脚气粉等。

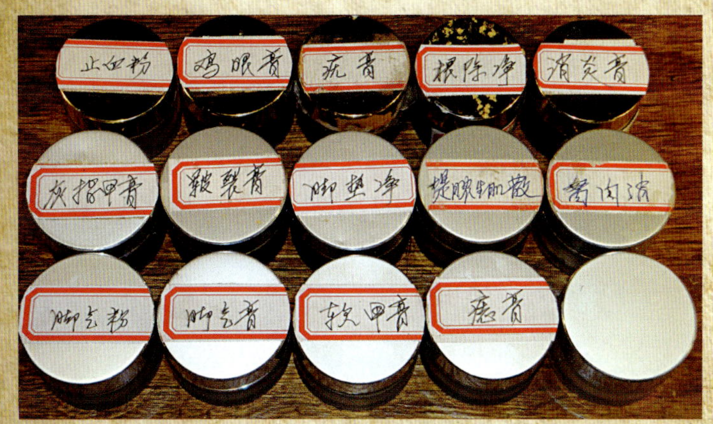

酒精喷壶

二、修脚工具的维护

使用修脚工具时，要轻拿轻放，放置时要有一定的间隙。刀具磨好或用完后，一定要清理干净，长期不用时擦上油，以防生锈。工具存放在消毒盒中，排放整齐，避免相互撞击。修治时，用力要均匀，避免急转弯、硬转弯。遇到厚甲要先锛后断，不可用力硬断，以免损伤刀刃。

三、磨刀法

扬州修脚流传着这样一句话：三分手艺，七分家伙。意思是说，修脚要靠一套好刀。好刀具除了选用好钢打制之外，关键在于磨刀。

一副新刀，如没开好刃的话，应先在粗石上磨，粗石600 ~ 800目较合适。粗石磨后再用细石磨。一般磨刀倾斜角度片刀为5° 左右，修刀20° 、锛刀30° ，磨刀细石一般用细浆石。

1.整石

磨刀前，应先整磨刀石，规整的磨刀石是开刃的基础。

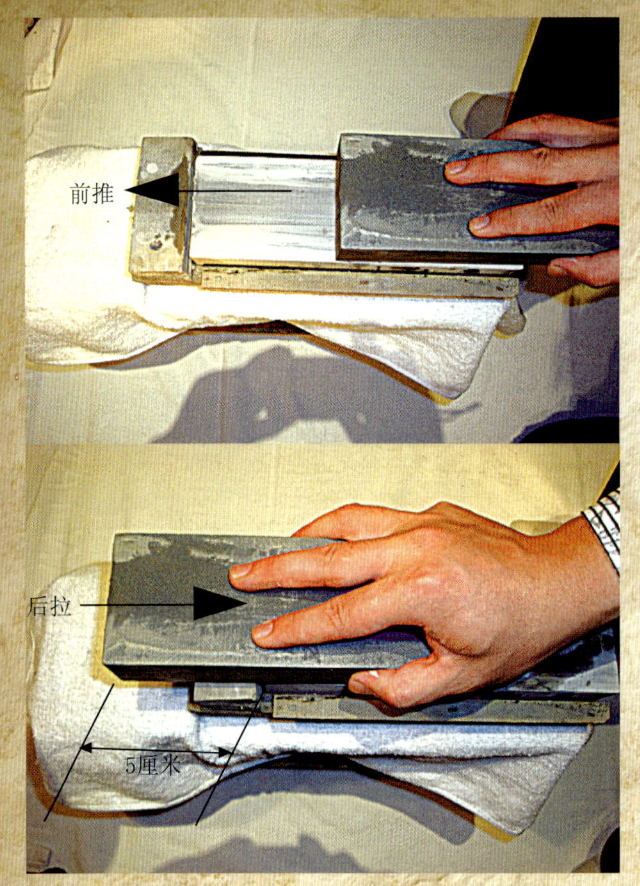

下石不动，上石前推，直到推出下石前端5厘米左右，然后平稳回拉。

2.磨刀的顺序

先磨片刀，再磨修刀、锛刀、条刀、断刀、钎刀、刮刀。

片刀的磨法

锛刀的磨法

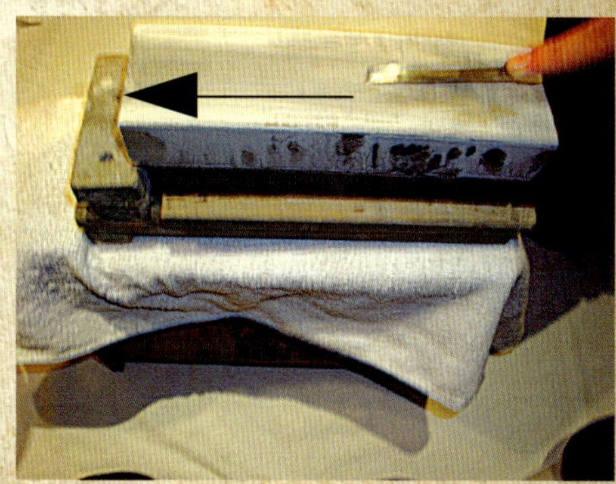

条刀、断刀、修刀磨法

钎刀的磨法

小号刮刀的磨法

大号刮刀的磨法

3.磨刀的方法

用右手拇指和中指捏住刀身，食指压住刀身前端，来回推拉。手腕要平稳，刀与磨面角度要卡死，不可变动。两面磨的次数要相等，磨刀节奏要均匀，弛张结合。如加工量大时，可右手拇指、食指持刀，其余三指托住刀身，左手食指助右手按压刀，向前慢推重压，向后快退起刀，至刃口无反光而发青时即已磨好。在磨石上挡几下进行“定口”，再在挡皮上“挡刀”。

磨刀的角度根据刀具不同而定：片刀刀背与磨面成5°左右；锛刀角度略大些，30°左右；条刀、修刀、断刀20°左右；钎刀较难磨，将刀身与磨面成9°～11°，刀刃右端翘起成2°～3°，左端着磨面，推拉磨砺，再翘起左端磨右端，然后放平刀刃揉着磨，最后翻转过来磨另一面，方法相同，两面磨的次数相等。

（1）单手磨刀法　右手拇指、中指和无名指抓紧刀柄，食指压住刀身，刀面在磨刀石面上来回推拉，推拉20次翻一次面，然后，19次翻一次面，再18次翻一次面……以此类推，反复磨刃。

（2）双手磨刀法　左手食指和中指压住刀柄前端，右手无名指压住刀柄，其余四指捏住刀柄，来回推拉，每3~5次翻一次刀面。目的是磨去刀柄上的锈并把刀磨薄，使刀更加锋利。

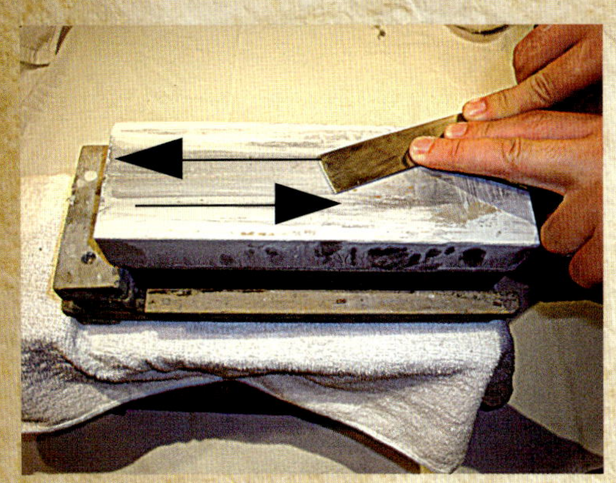

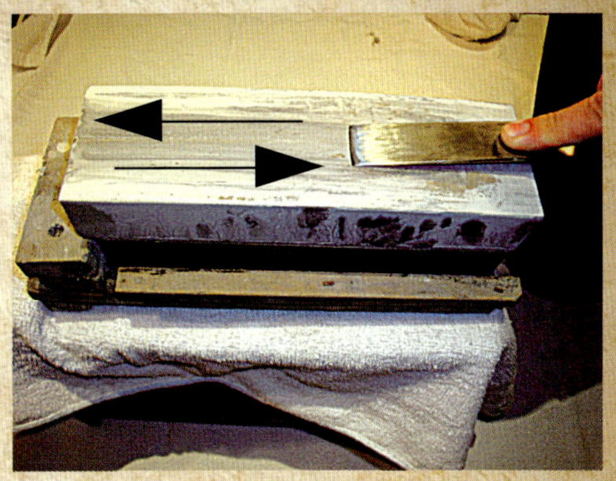

第三节　持脚法与持刀法

为了修治方便，患者应采取卧式，向前上方看或侧视。要尽量分散患者注意力，比如聊天、看电视，消除患者的紧张状态。修治时修脚师应右手持刀，左手掌握患者的脚。持脚的方法对患脚的固定、皮肤的绷紧和暴露患部都很重要，应做到稳、准、快，手法要灵活多变。

一、持脚法

（一）脚趾部持法

如果病位在趾甲、甲周围或趾部，一般用捏法和夹法。捏法分正手捏、反手捏和按捏。夹法分足掌夹法和足趾夹法。如果病位在趾缝，可取趾支离法暴露病位。

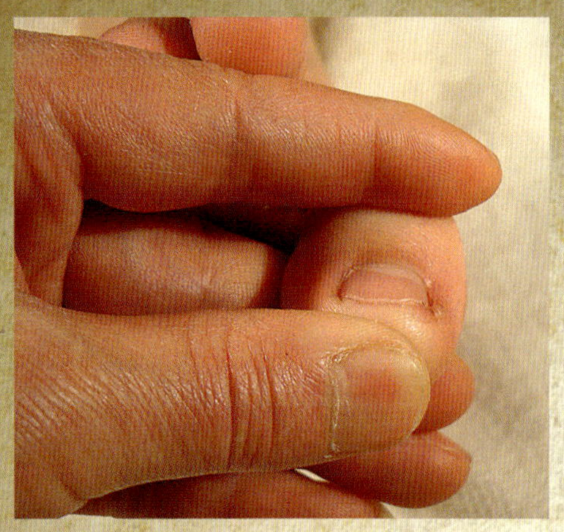

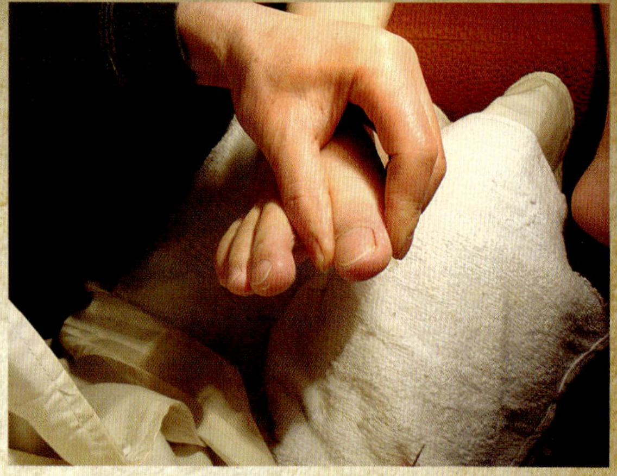

正手捏法

常用于修嵌甲、甲沟炎、灰趾甲

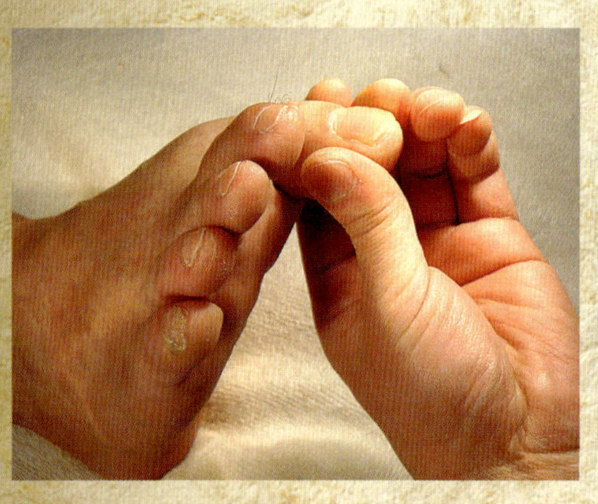

反手捏法

常用于锛灰趾甲甲面、趾前垫

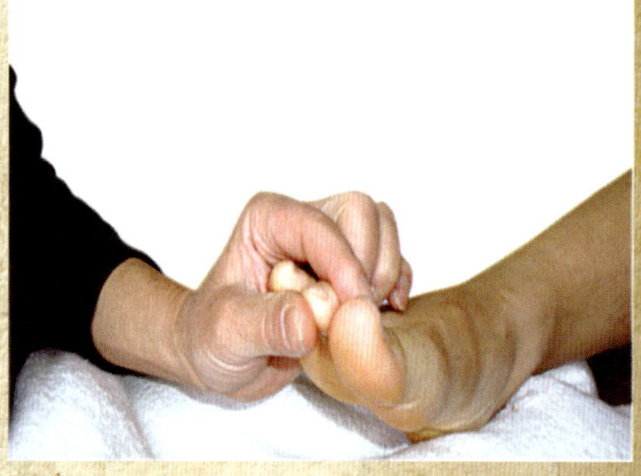

按捏法

常用于修趾前垫

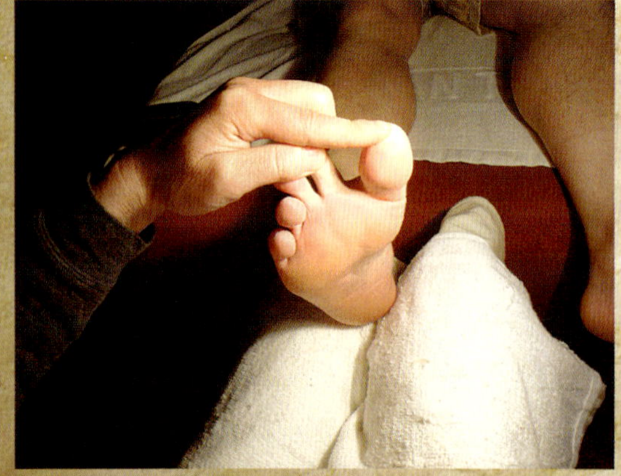

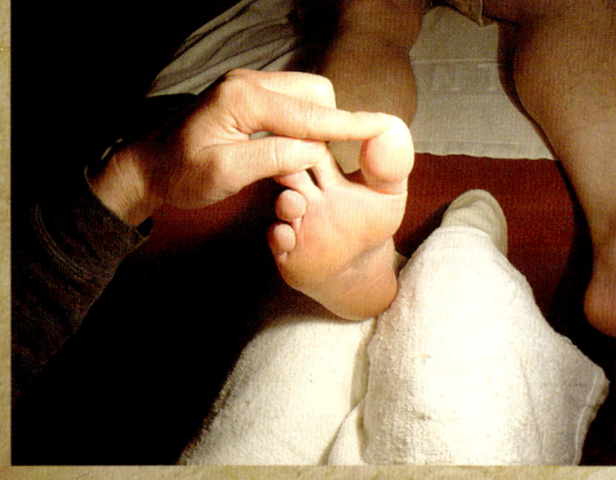

趾支离法（一）

用于刮去死皮

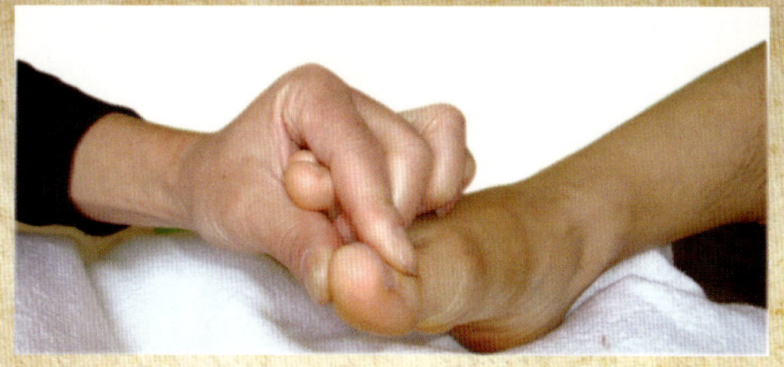

趾支离法（二）

用于修趾前垫

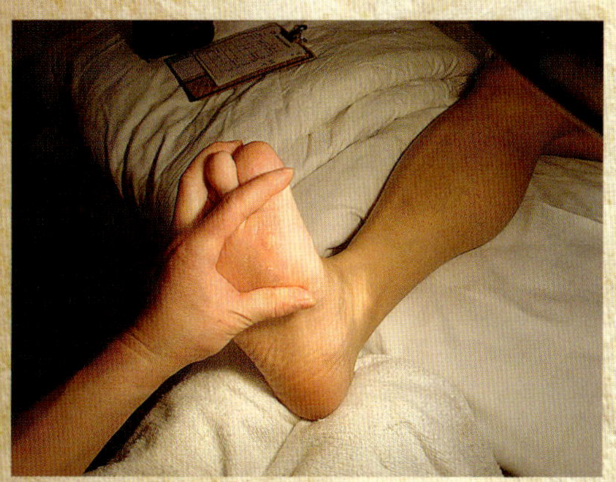

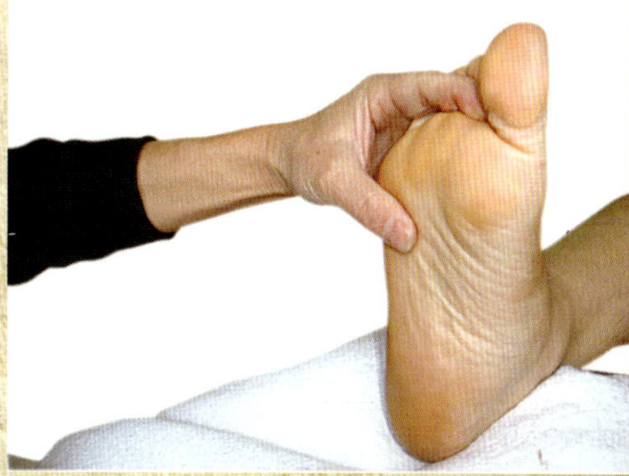

足掌夹法

常用于修脚垫或鸡眼

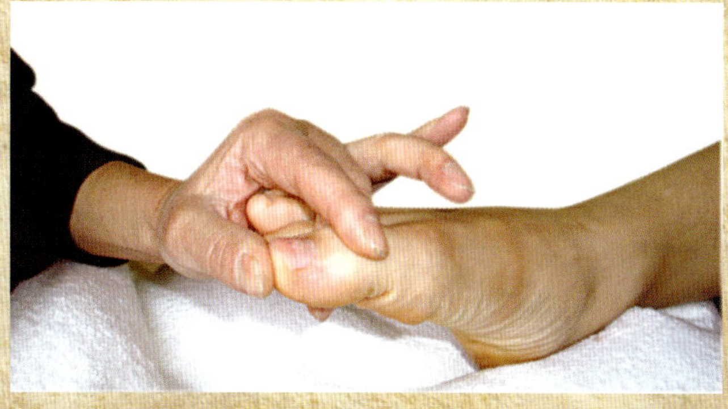

足趾夹法

常用于修趾甲

（三）断刀持法

和修刀持法基本一样，只是刀的角度稍微放平一些。

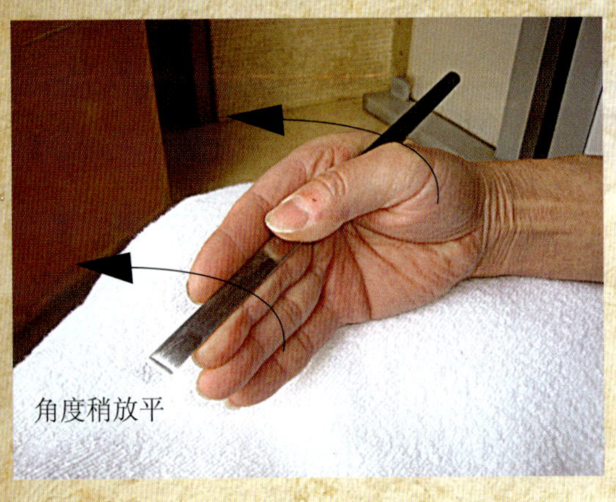

这种持刀手法常用于修治趾甲棱角，使趾甲光滑。

（四）片刀持法

片刀持法（条刀持法与片刀相同）。拇指和食指捏住刀身中下端，食指屈曲，中指挺直，食指贴靠于中指，刀身上端紧贴于虎口，刀刃与中指接近。

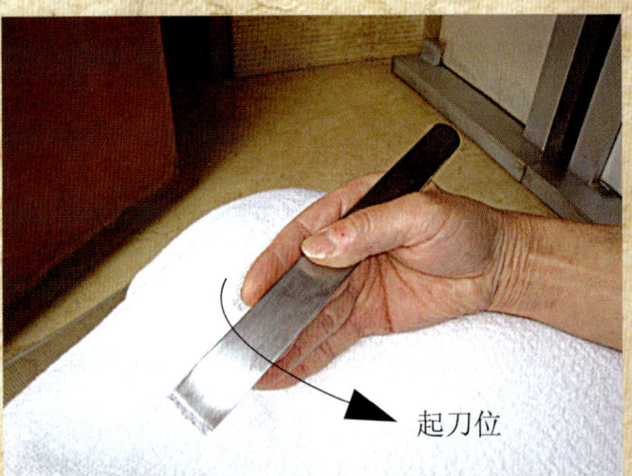

这种持刀手法常用于修治各种脚垫、鸡眼。

（五）钎刀持法

和修刀持法相同，不过在使用时刀身可在手指间捻转。

这种持刀手法常用于修治嵌甲及夹沟炎。

（六）小号刮刀持法

拇指压住刀柄后端，中指和无名指托住刀柄后端，小指压住刀柄后端，食指压住刀柄前端。

正手刮

这种持刀手法常用于刮去脚趾以及脚掌死皮。

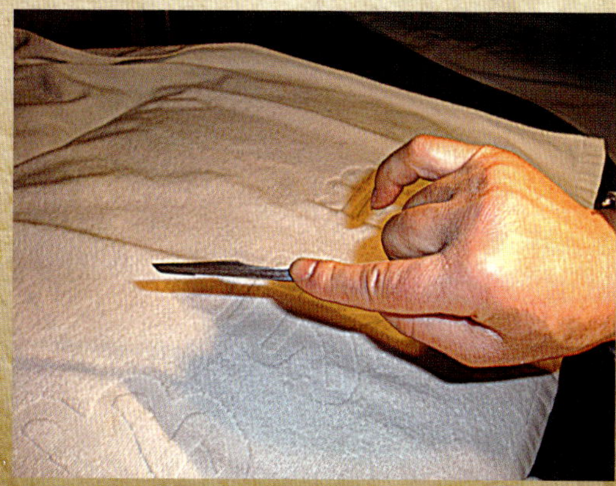

反手刮

（七）大号刮刀持法

拇指压住刀柄，其余四指分开托住刀柄。

这种持刀手法常用于刮去脚掌死皮。

持刀要稳、准、轻、快，严格按病变组织与健康组织的分界线(一般称“青线”)进刀，进中有退，退中有进，刚柔相济，不能走空。刀子在手中，就如同手指的延长一样，手腕、手指、刀子融合为一体，要做到刀子灵活、手指灵活、手腕灵活。刀刃在手里能翻转自如，特别是钎刀和条刀，运用指力，可以使刀刃随意转动，以配合各种动作。手指灵活可以捻刀，可以推刀前进，可以捏刀拨转，可以上挑或下压，又可以捏刀左右移动，做片削动作。刀上的劲大部分要依靠腕力，手腕用力要轻巧灵活，根据病位或患者体位灵活地使用正腕、反腕和吊腕。手腕练得好，能无坚不摧，能腕转自如，使下刀分毫不差。掌握好持刀要领，是刀功的重要一环。

要有好的刀功，必须刻苦练习。初学者可以分为两步练习。先空手练习腕力，将胳膊抬平不动，上下左右屈伸手腕，练到经久而不酸不痛。练完手腕，要练习手指。将拇指、食指捏紧贴于挺直的中指，中指顶在桌子上或肢体上练习推、拱、捻、锛、片等动作。然后再手持锛刀、条刀或片刀，在竹筷、软木、槟榔或肥皂上练习片、劈、断、挖、起、锛等操作。削竹筷、刻羊角称“硬刀功”，刻槟榔称“软刀功”，练片、起操作可以采用软木。

1.空手练习

主要是指腕功的练习，力度的练习，技巧、熟练程度的练习。

（1）推手练习

方法：右手中指伸直顶住左手，左手食指、拇指捏紧右手中指并做来回推拉。

目的要求：推拉。

幅度要大。细心体会左手中指顶力，右手食指、拇指的捏力和推力。

注意点：沉肩，挺腰，含胸。

（2）摇手练习

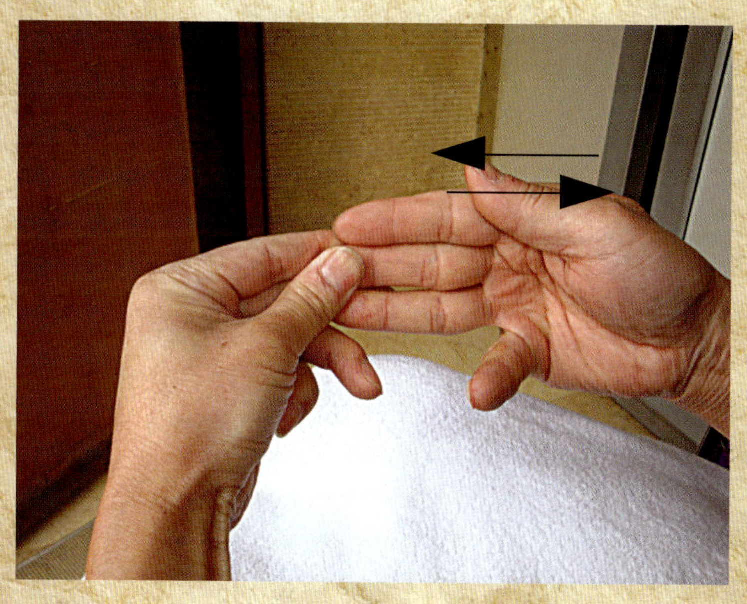

方法：右手握成拳状（或持刀状），左手握住右手的手臂，使右腕均匀用力、有节奏地上下左右反复摇动。

目的要求：摇手幅度要大，锻炼手腕的柔韧性。

注意点：沉肩，挺腰，含胸，不能翻腕。

2.持刀练习

（1）推法练习

1）正手推

方法：左手持竹筷，修刀贴于中指，食指和拇指捏刀用力推削竹筷顶端。

目的要求：锻炼中指、食指、拇指三指的协调用力。

注意点：用指力推，不可用腕力。沉肩，含胸，防止事故发生。

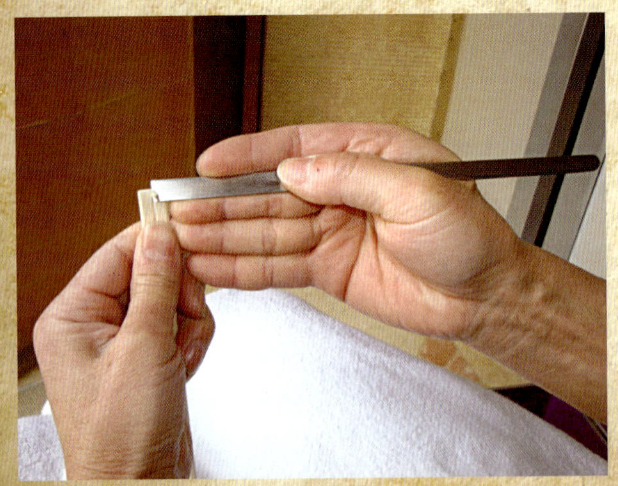

刀体与竹筷成90°。每次刀刃入筷不能太深，要像用刨子一样，一层一层地刨，沉稳推进。

2）反手推

方法：左手持竹筷，修刀贴于中指内侧，食指、拇指夹捏刀推削竹筷侧端。

目的要求：锻炼拇指、食指和中指的协调用力。

注意点：要用指力，食指和拇指压捏刀向前推进。沉肩，含胸，防止事故发生。

刀体与竹筷成30°。左手固定不动，右手执刀一点点推进，刀随心而动，随意而止。

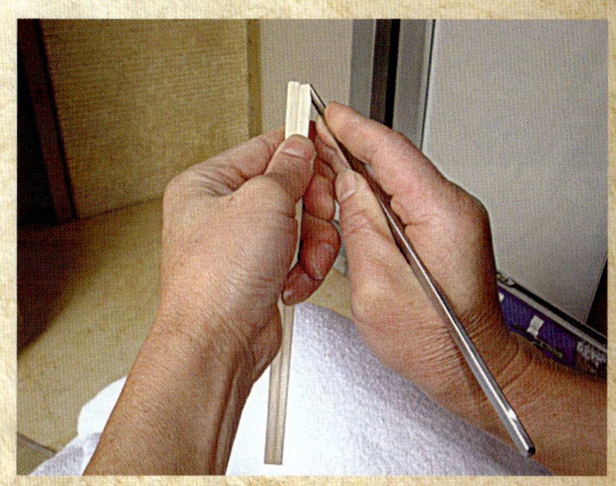

3）修嵌甲基本功推法练习　左图为正手推，右图为反手推。

4）吊腕推

方法：左手持筷子，修刀贴于中指，食指和拇指捏刀向前推削。

目的要求：锻炼三指的协调用力，以及手腕的灵活柔韧性。

注意点：灵活选择支撑点，可选择中指或无名指支撑。沉肩，含胸，防止事故发生。

练吊腕时，筷子始终不能动，刀应不断调整角度，修出预想的形状。

（2）锛刀练习

方法：锛竹筷，左手持竹筷，右手采用锛刀法从竹筷的下端进行锛削。

目的要求：练习手腕的灵活性和不同角度的不同锛法。

注意点：要用腕力，左右刀尖多加练习，锛削下的竹屑大小厚薄须一致。

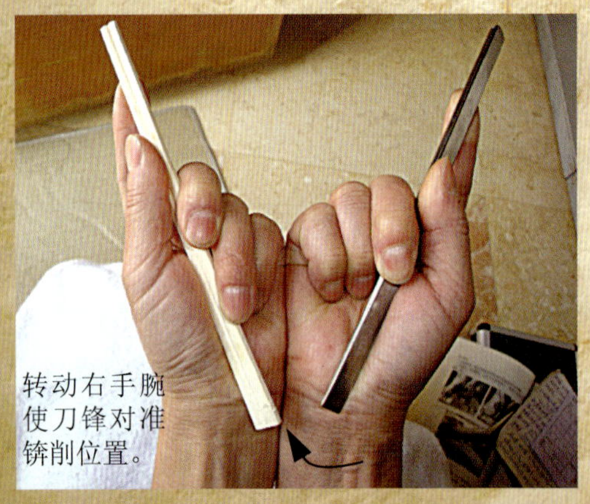

转动右手腕使刀锋对准锛削位置。

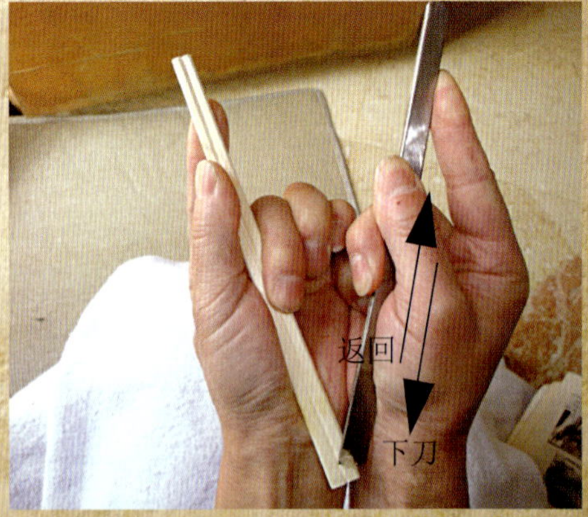

两手腕横纹对齐

（3）片刀练习

方法：将肥皂晾晒起皮。片肥皂，左手固定肥皂，右手采用捏刀法持刀，以无名指支撑于肥皂上进行片削（熟练时，无名指可离开肥皂）。

目的要求：加强“软刀功”的练习。

注意点：刀具在片削时必须一刀压一刀进行片削，片削的肥皂表面要光滑。

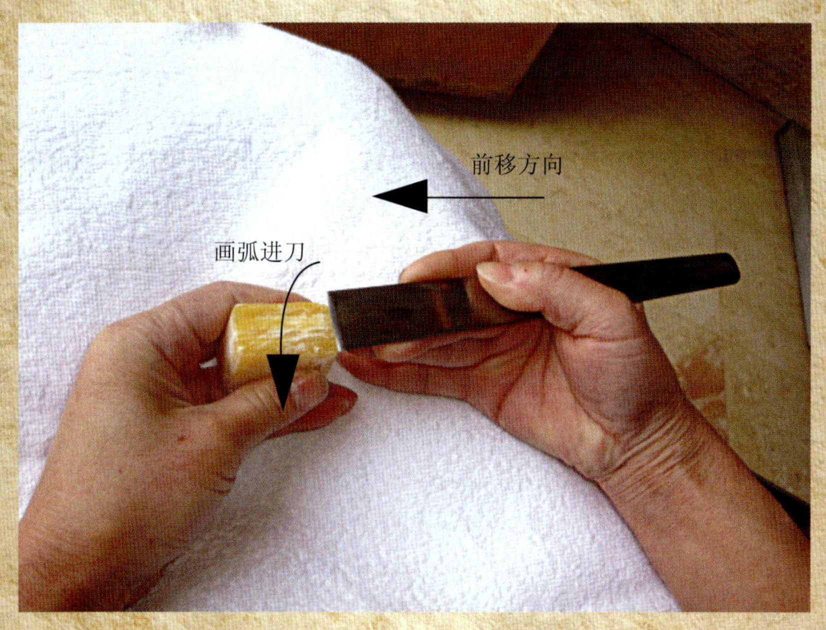

片刀入肥皂要浅，画弧形进刀，片下的肥皂应呈薄片状。可以想象着片脚垫。

（4）刮刀练习

方法：将肥皂晾晒起皮。左手固定肥皂，右手采用卡刀法持刀，在肥皂槽中刮动。

目的要求：锻炼手腕的韧性。

注意点：刀要与槽壁贴合，动作要柔和，用腕力刮动。

正手刮

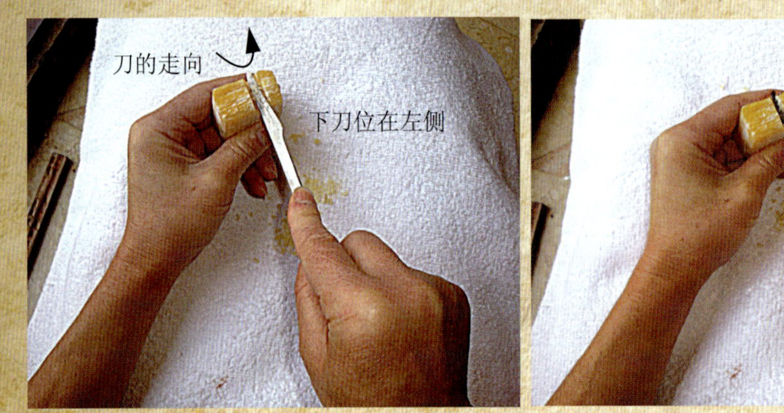

收刀位

反手刮

第四节　基本操作方法

一、下刀前的准备

在修脚操作以前，首先要“问、看、摸、探”，辨识一下脚病的种类。

“问”是询问患者职业和工作环境、既往病史、发病时间与经过、发病原因、疼痛情况、喜爱穿何种鞋袜、有无外伤史及治疗经过等。如患者是以站立和行走为主的职业，则患脚垫或鸡眼的可能性大；如脚垫自幼年就有，而非由于外压或摩擦引起，说明不是普通的脚垫而是掌跖角化病。平素喜爱穿胶鞋和尼龙袜的人，又不经常洗脚、出脚汗严重的人，患脚癣、灰趾甲病的可能性大。

“看”是观察脚病的部位、性质、皮肤颜色与变化、脚的外形、穿何种鞋和鞋底的磨损情况等。如表面黄亮的脚垫，多半深而硬；局部皮肤发红，不高出皮肤表面，表皮稍有点硬化，多半是脚垫初起；鞋的后跟磨损重，多半长有脚跟边缘垫等。

“摸”就是触摸局部病变，以了解脚病的性质。对于脚垫，用拇指按压一下，如果痛，多半夹有硬核或鸡眼；嵌甲病用修刀从甲侧下下刀，往甲深度拨探，即可知道嵌甲的厚度和趾甲嵌入的具体情况；用拇指和食指在患趾的两侧一捏，如果痛得厉害，多是甲沟里有毛刺或尖趾甲等，劈甲时刀子可以带出一部分趾甲；如果脚趾上下痛得厉害，而两侧痛得轻，是趾甲往深部生长，甲沟里并没病变，是趾甲里有病变。

“探”是在从表面上看不出内部的情况下，可先试探取下角质硬块，看有无鸡眼、疣等。如果不能确定是不是疣，可以用刀轻轻割一割，若带有血丝，多数可确定是疣。

总之，修脚中的辨病是很重要的，多看、多辨、多积累，虚心向有经验的老师傅请教，钻研各种脚病的成因和性状特点，则成“师”之日不会太远。

二、修脚刀法

修脚操作的程序是：先取出刀具排放好，准备好所需的药物。然后询问病史，细心辨病，拟订治疗方案。术前做好刀具和患部的消毒工作。让患者选择合适的体位，操作时姿势端正，依序用刀，动作轻灵，修治彻底，避免事故性出血。最后注意合理用药，细心包扎贴敷，给患者说明养护方法。

修脚的刀法分为锛法、修法、整法、劈法、片法、刮法、挖法（起法）、撕法八种。

（一）锛法

锛法用于趾甲去薄和修治各种趾甲病。所用工具为锛刀。

操作时持刀的角度要依据趾甲的厚度而定：厚趾甲刀可陡些；对于甲端下垂的“鹰嘴趾甲”、嵌甲接近甲床的部分以及“肉包趾甲”的两侧等，要采取立刀锛；对于软或薄的趾甲及灰趾甲的下层要用平刀锛；对于“海螺趾甲”，则要旋转着锛。

锛的顺序是先锛畸形趾甲最高处，再从甲端锛，一层一层地锛到甲根。每层要从右锛到左，先将刀身右倾，锛右侧时，右刀尖着实，边锛边移，由右往左，锛至左侧时变为左刀尖着实。入刀时，刀身下端贴于足趾关节，用力时带着挑劲。

锛甲缝时，刀尖先伸进趾甲缝，将甲稳当挑起，再沿甲修治。

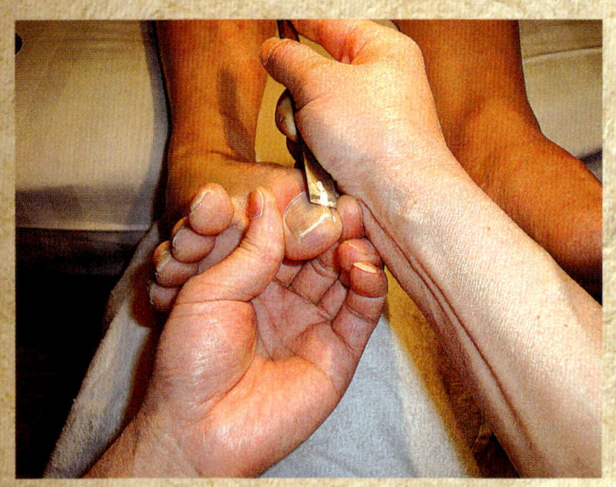

平刀锛

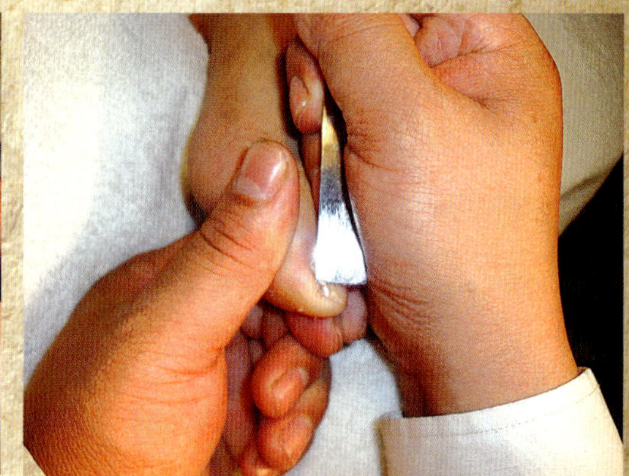

立刀锛

（二）修法

即用修刀将趾甲尖端做横断修短。有坡刀断（倾斜断）和立刀断（垂直断）两种。工具是修刀。

操作时从趾甲右端开始，两指捏好修刀，正腕翘起，右刀尖着实，插入病甲右端，中指顶着趾右侧转腕，刀刃顺甲沟方向向后进刀，接着提腕沿趾甲屈度推刀横断至左侧，两甲侧端与断面可成直角。

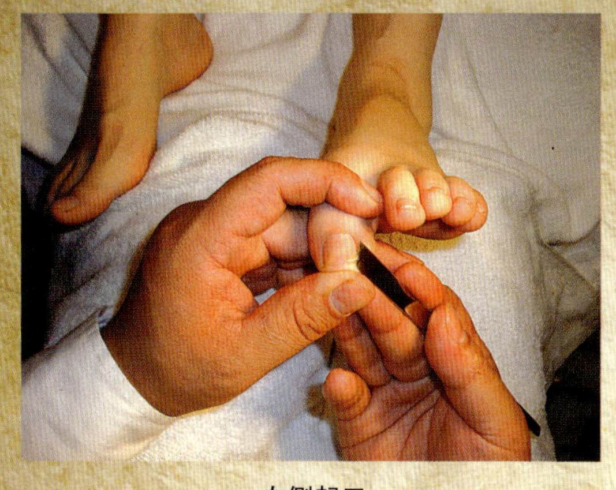
右侧起刀

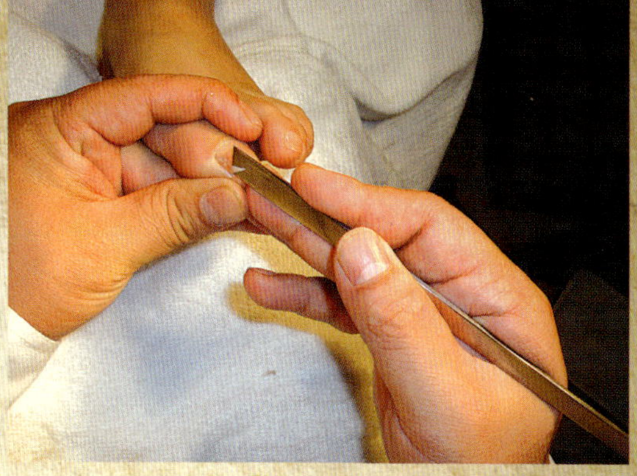
左侧收刀

（三）整法

整法是趾甲修完后，整修毛茬，使趾甲表面更为光滑，摸上去手感舒适。

操作时用断刀沿甲端断面转一圈，去掉甲沟漏下的老皮，再用断刀的侧棱在甲端断面磨一磨，使趾甲光滑。

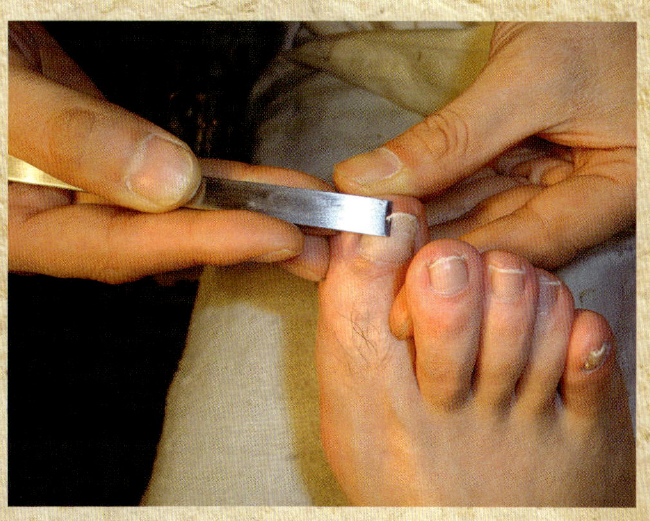

（四）劈法

劈法是用修刀或钎刀将趾甲沿纵向由甲尖向根部劈下，常用于嵌甲的修治。

操作时右手中指顶于患趾前端，拇指和食指捏住刀身中下端，用指和腕柔劲进刀，遇有阻力不要硬推刀，提刀抬腕再向下压，用一点拱劲刀就很容易前进了。劈右侧用反手刀，劈左侧用正手刀。劈时每进一段要转拨一下刀刃，使刀刃沿着“青线”走，劈至甲根变为拱劲，翻刀将甲根拱断。如果甲根部伸向软组织深部，修刀进不去，可改用钎刀或斜形修刀转拨取出断甲，甲垂直或倾斜向深部软组织伸入，要注意用立刀劈；如果甲曲着向深层生长，则要倾斜入刀劈。劈的断面要保持垂直或呈基部短、顶部长的倾斜，这样再长出趾甲的侧面就不会向深层组织生长，避免引起疼痛。

另外，在修治嵌甲时可以将断与劈结合在一起，采取“一刀下”的方法。这样不仅操作快，而且可以避免反复拨刀亮线及不慎在甲侧留茬。

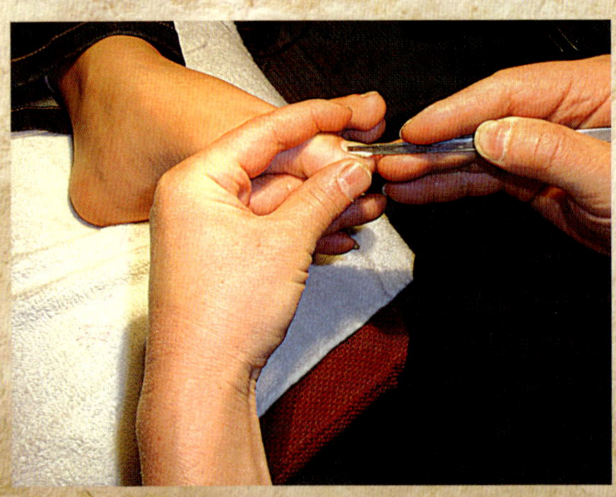

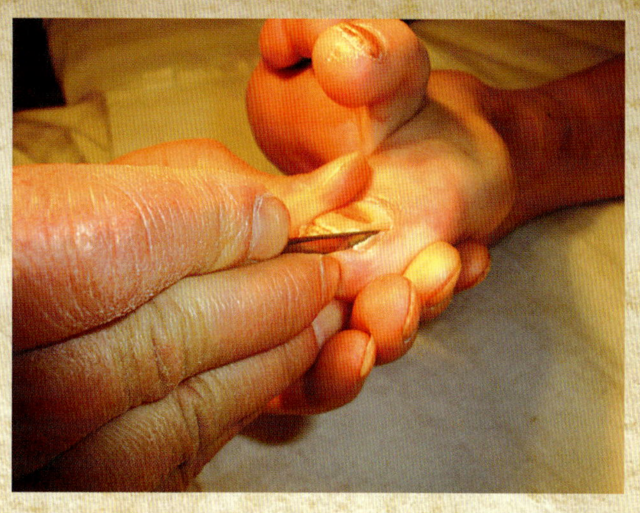

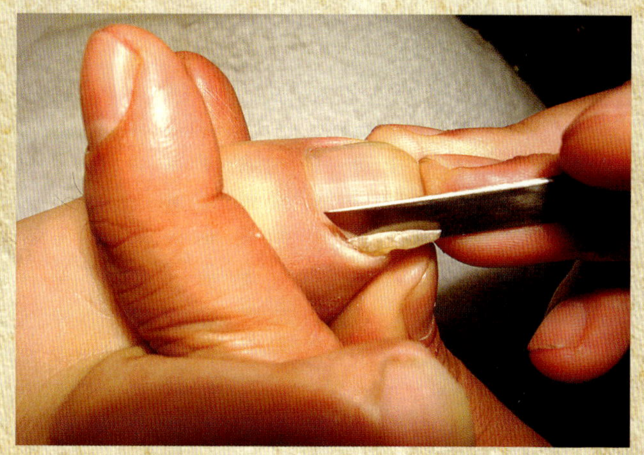

（五）片法

（1）片刀片法　常用的修治方法，是将脚垫逐层片削去薄的一种方法。

片法分为正刀片和反刀片两种。

正刀片操作时，右手拇指和食指捏住刀的中下端，掌心向上，中指贴于患部右侧，端平刀刃，左右刀尖在同一水平线上，两指左右用力。腕部不断屈伸，刀刃由上而下片削。另外，还可以端平刀刃，手指与手腕不动，顺着皮纹走向推刀前进，这种方法用于坚硬而面积较大的脚垫。片时要注意刀的角度，对于厚一些的脚垫，刀要陡一些；对于薄的脚垫，必须用平刀，避免伤及深层组织；对于垫中有软组织者，要注意避开，以免引起出血或疼痛。

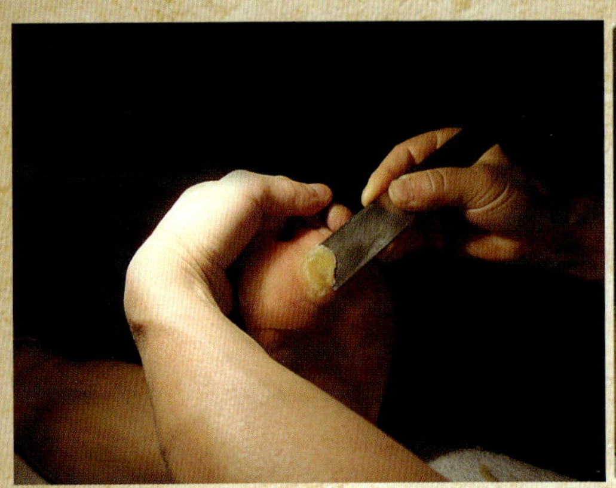

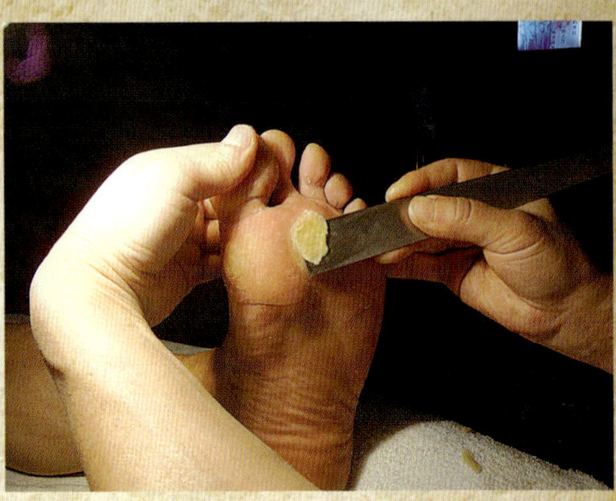

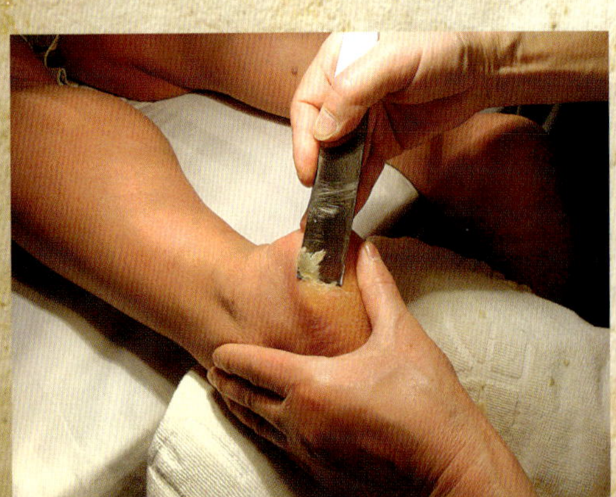

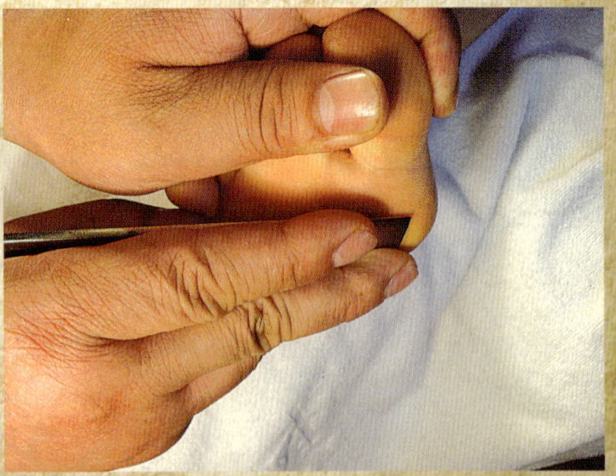

（2）条刀片法　主要是修片对趾垫、趾头缝鸡眼、疣、趾头肚垫、老茧等（用条刀是为了避免片刀太宽易伤到其他部位）。

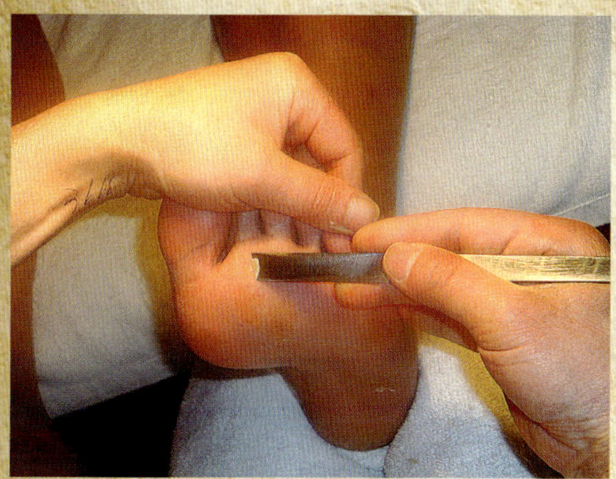
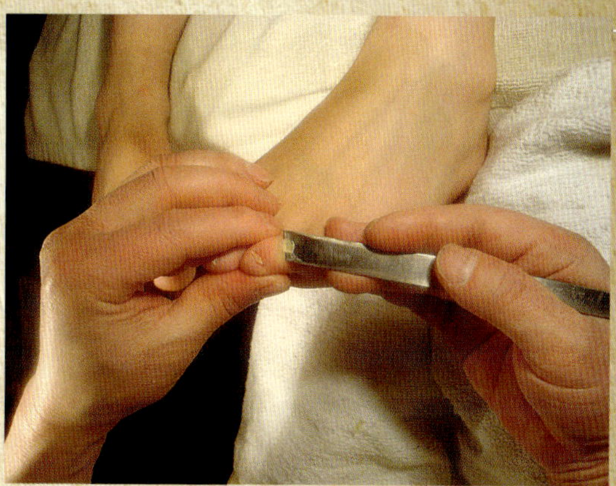
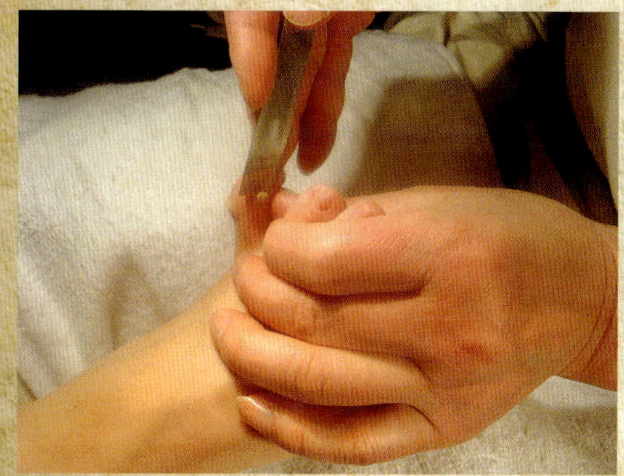
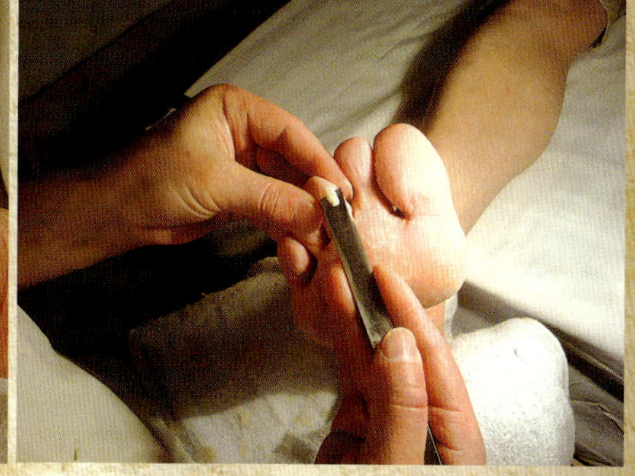

（六）刮法

刮法就是用刮刀去除附着在趾间和脚趾上的鳞屑（死皮）、水疱及糜烂、增厚、角化的老皮，清除这些部位的真菌、霉菌。可以去痛去痒，舒筋活血，引导体内湿液下注（排毒），是治疗脚气前必要的步骤。

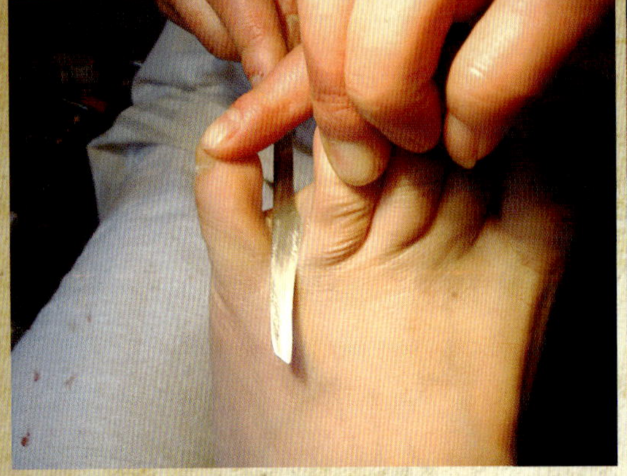
刮趾缝上脚面

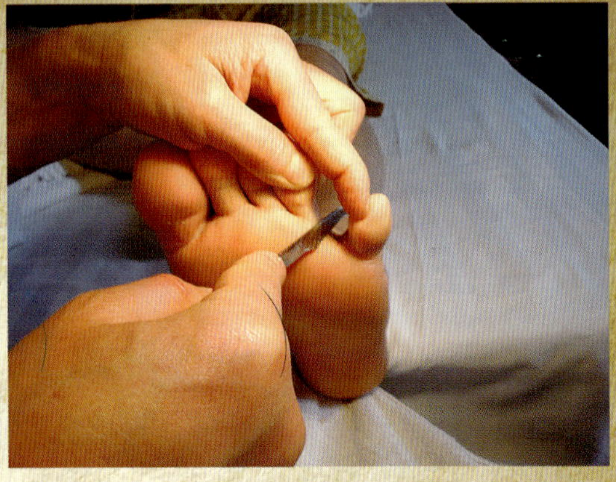
刮趾缝脚底面

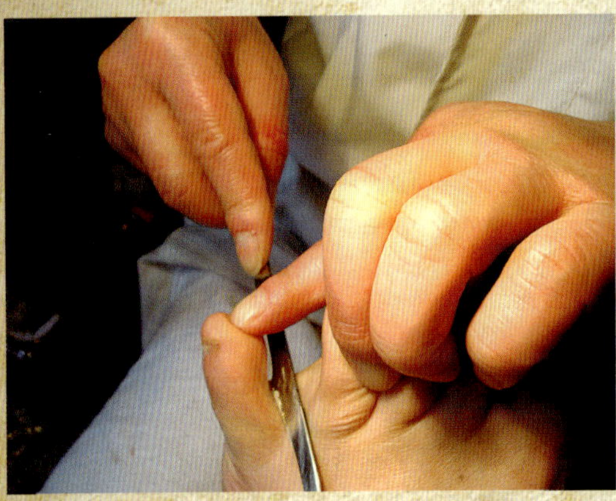
刮趾缝中间

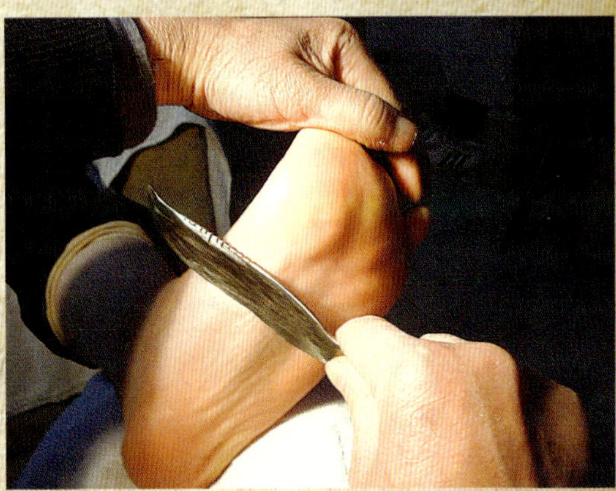
刮内侧

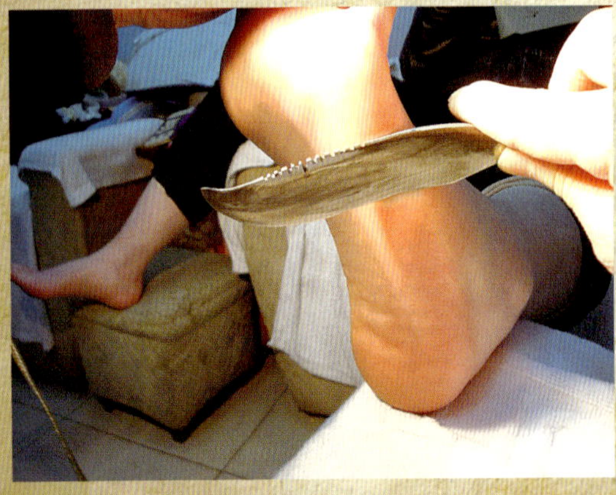
刮外侧

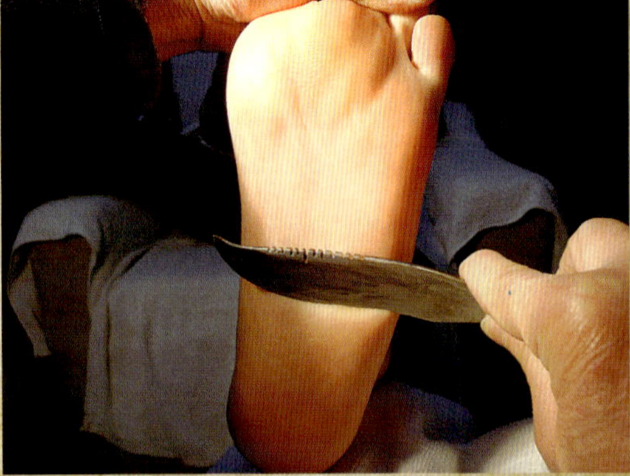
刮中间

（七）挖法

挖法又叫起法，适用于鸡眼、瘊子(即疣)等面窄根深的脚病修治。工具用条刀和钎刀。

操作时用条刀沿“青线”把表皮划开，可先由右向上往左转，再由右向下往左转，在左边接茬。手法熟练者也可以一下子转一圈，然后逐步将条刀立起往深处挖。当条刀进不去时，可改用钎刀，到根部后也可用镊子夹住鸡眼中上部连根拔出。如病变深，需立刀挖；病变浅，可坡刀挖；病变底部高低不平的，可微微捻转钎刀挖取。

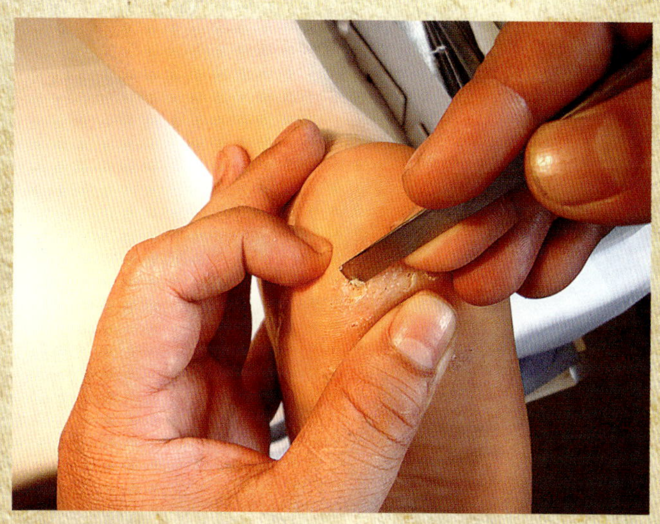

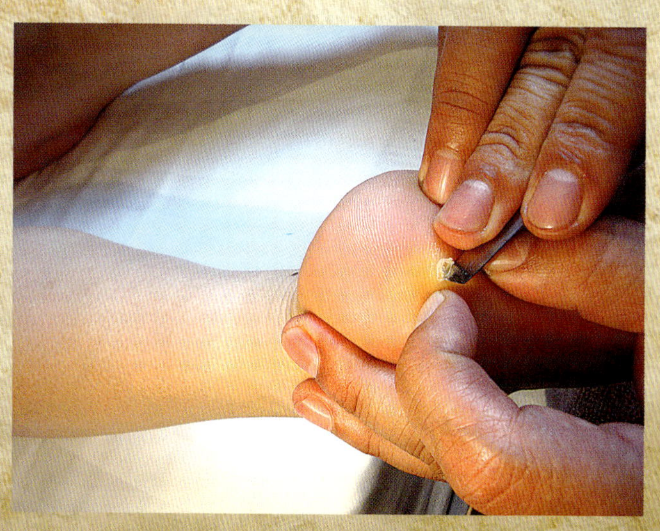

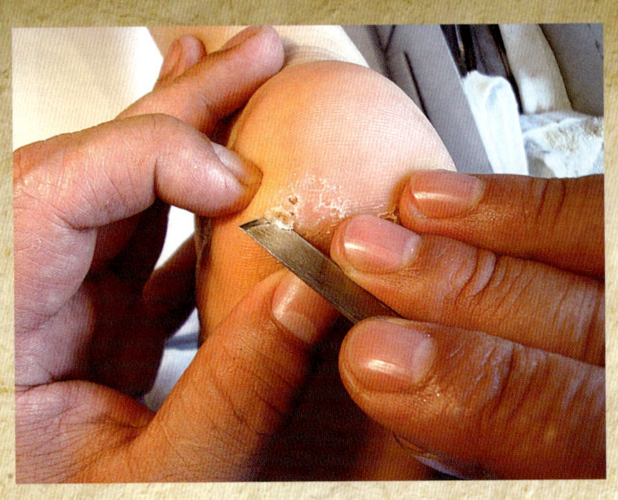

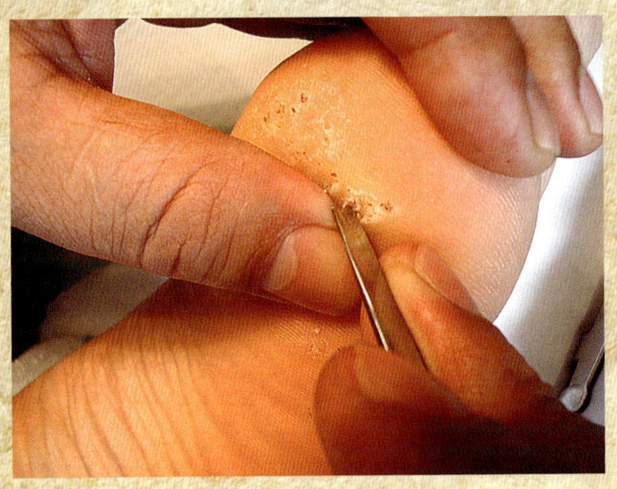

（八）撕法

撕法是一种钝性剥离的方法，适用于脚垫、鸡眼等。先用条刀或钎刀划一圈，再用片刀或手指将病变组织夹在中间，顺顶着皮肉的纹理方向撕，撕时要随时注意“青线”。有脱离“青线”倾向时，即用刀割一下再撕，以避免脱离“青线”。另外也可从两个方向对着撕，可减少脱离“青线”的机会。

撕法可分为正手撕和反手撕。正手撕，用刀从边缘起后，用立刀推撕，或用左手拇指与刀身夹住起茬撕；反手撕，用右手中指与刀身夹住起茬撕。

撕法是应当首先采用的一种修脚垫方法，虽然操作比较麻烦，但是由于不破坏纹理，脚垫长得缓慢，连续治疗可以痊愈。撕法和起法很难绝然分开，常常结合在一起应用。

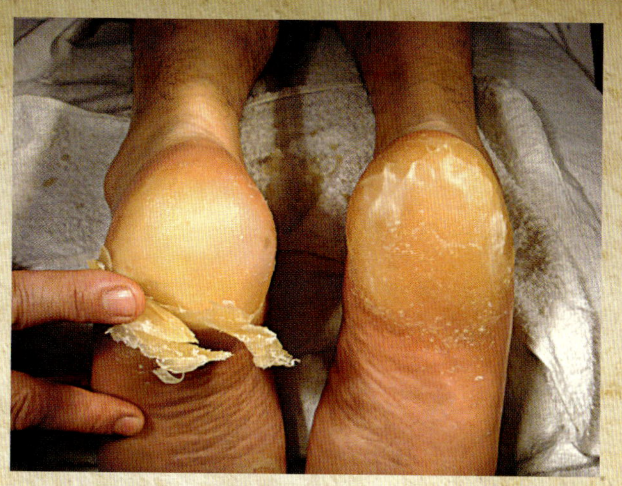

第五节　消毒与修脚的注意事项

一、消毒

1.患部皮肤的消毒

在修治以前，应以1%~2%碘酊棉球从患部中心旋转向外擦拭。待碘酊干后，再用75%酒精按同样的方法涂擦，进行脱碘。涂擦的范围应大于患部的10倍面积。脚病修治后以2%红汞外敷。

2.修脚师手的消毒

修脚师应勤剪指甲，修治前可先用肥皂水清洗双手，特别是指甲缘下、指间和手掌部，要用力洗刷，再用流水冲净，然后以75%

酒精涂擦即可。也可以用1：1 000的新洁而尔（苯扎溴铵）药液浸泡双手，同样可达到灭菌的目的。

3.工具的消毒

各种刀具在使用前后放入来苏儿原液或75%酒精中浸泡30分钟，修治前后以75%酒精棉球擦刀。局部麻醉使用的注射器要用一次性注射器。

4.敷料的消毒

纱布和棉球等敷料应采取高温蒸汽消毒。将纱布和棉球置入锅内，从水沸时计算时间，至少蒸40分钟以上。蒸时可放入装有少许明矾的玻璃管同蒸，待明矾变为乳白色液体时，敷料已符合灭菌要求。

5.垫脚毛巾的消毒

一般采用煮沸消毒(即在沸水中煮10分钟以上)，避免交叉感染。

二、修脚注意事项

（一）认真询问病史

糖尿病患者，创口不易愈合，甚至发生溃疡或糖尿病坏疽；冠心病患者，遇有出血时，止血比较困难。所以，修治前必须仔细询问病史，避免发生意外。

（二）避免紧张和恐惧

对于初次修治、有恐惧心理的患者，要注意修治后不要洗足，以避免污染创口。不要穿窄小的鞋子，以免挤压伤口。

在修治时，因操作不熟练或患者配合不好、患有某些疾病以及体质较弱等，可能会发生如下一些意外。请不要惊慌，可按以下方法妥善处理。

1.晕刀

类似“晕针”。修治中患者突然心慌、头晕、面色苍白、出冷汗，甚至晕倒，即为“晕刀”。多发生于初次修脚或体质虚弱、精神过度紧张的患者。如果发生晕刀，应告诉患者不要害怕，让患者平卧或头部略低。然后，刺激患者人中和双侧内关穴(在手臂内侧、掌横纹上两横指、两筋之间)直至患者面色由苍白转为红润，脉搏恢复正常为止。给患者喝点温开水，使之静卧片刻是不错的方法。

2.出血

在修治时进刀脱离了“青线”，切割到病变深层组织造成出血时，可用消毒棉球蘸止血粉涂在出血处，压迫1分钟左右，止血后用消炎膏包扎；如出血较多，可用干棉球蘸少许三氯化铁压于出血处，局部逐渐变黑而血止，止血后，纱布加压包扎。这种方法患者很痛苦，万不得已才用，一般不用。

3.血疱

在锛趾甲时，特别是患者有灰趾甲和畸形趾甲时，甲根很容易出现血疱。锛完后，用手紧顶住病甲，用三棱针挑破血疱，放出瘀血，外涂红汞消毒。

4.感染

修治中一般不会发生感染。有时因消毒不严，或患者不注意创口的保护，或因使用了某些腐蚀性的药物，也会引起感染。感染仅限于局部时，可以用75%酒精棉球擦净创口周围和内部腐物，放入洗必泰纱布条，以敷料包扎或用如意金黄散、拔毒膏包扎。口服抗生素，每天换药1次，直至痊愈。如果患者发热或出现“红线”(淋巴管炎)，可肌内注射抗生素，一般均能很快治愈。

第二章　刮脚与捏脚

扬州修脚三绝，一修，二刮，三捏。
扬州捏脚三步，一撩，二捏，三刹。
扬州脚艺传奇——洞房花烛夜，不如毛巾捏脚丫。

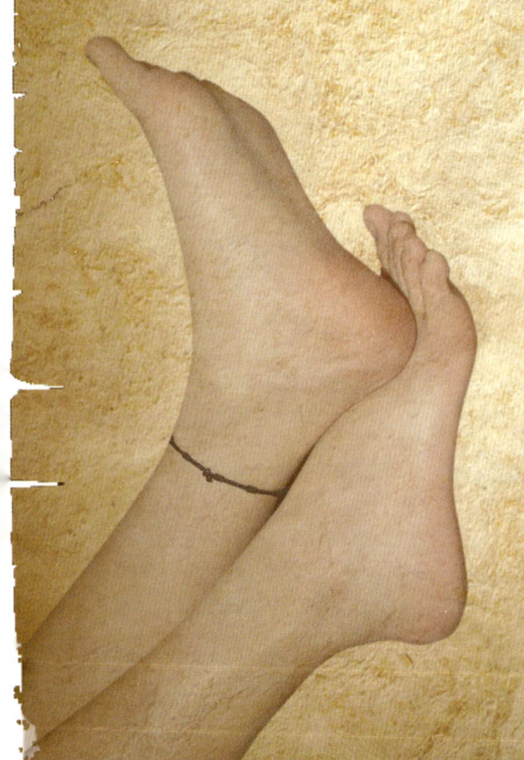

第一节　刮　　脚

一、刮脚之说

扬州修脚技法中有三个绝活，一是修脚，二是刮脚，三是捏脚。

刮脚是修脚不可缺少的技术，尤其是对治疗脚气，刮的功夫决定治的效果。

刮脚就是利用特制的刮刀，刮去附着在趾间和趾上的水疱、死皮及糜烂或增厚角质层、老皮、鳞屑，包括附着的真菌。刮脚可以止痒止痛，舒筋活血，排出毒液，是治疗各种脚气的最有效方法之一，如果刮得彻底，再用药物处理一下，脚气的治愈率可达95%以上。

二、刮脚技法

刮脚的技法有左右刮、前后刮、挡刮、上下刮、起皮。

（一）刮法

1.撩　就是先用刮刀把轻轻放在趾头缝上，从上到下轻轻撩动，让脚丫更加发痒（目的是在刮脚时减少痛疼），然后再刮。

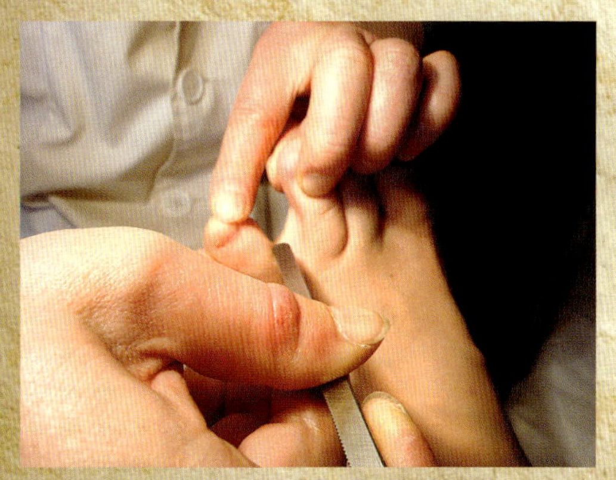

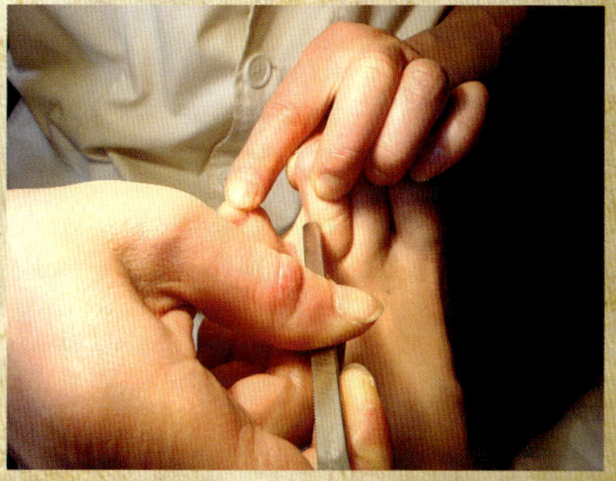

2.刮　用左手拇指和中指、无名指抓住左脚或右脚左边，食指顶住足趾顶端，使脚趾分开，有利于操作，右手持刮刀。

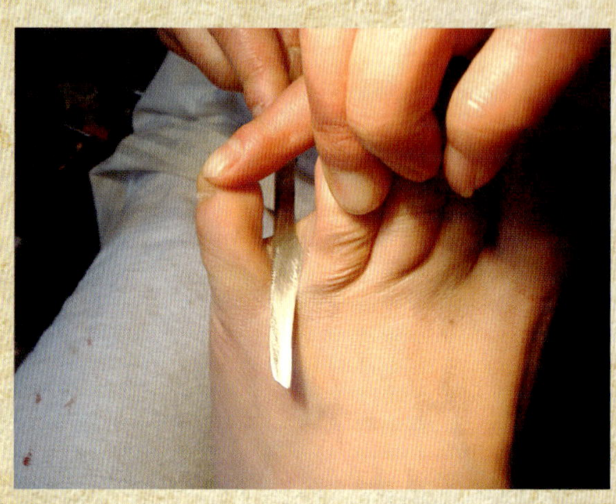

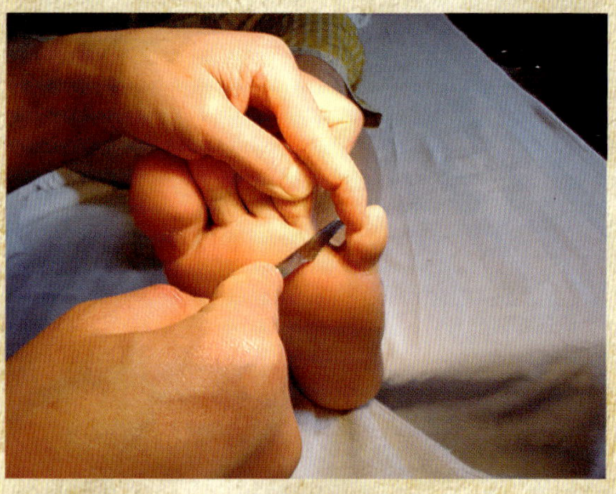

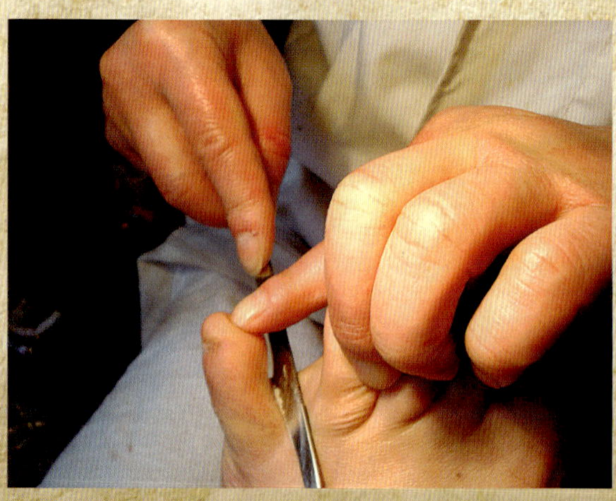

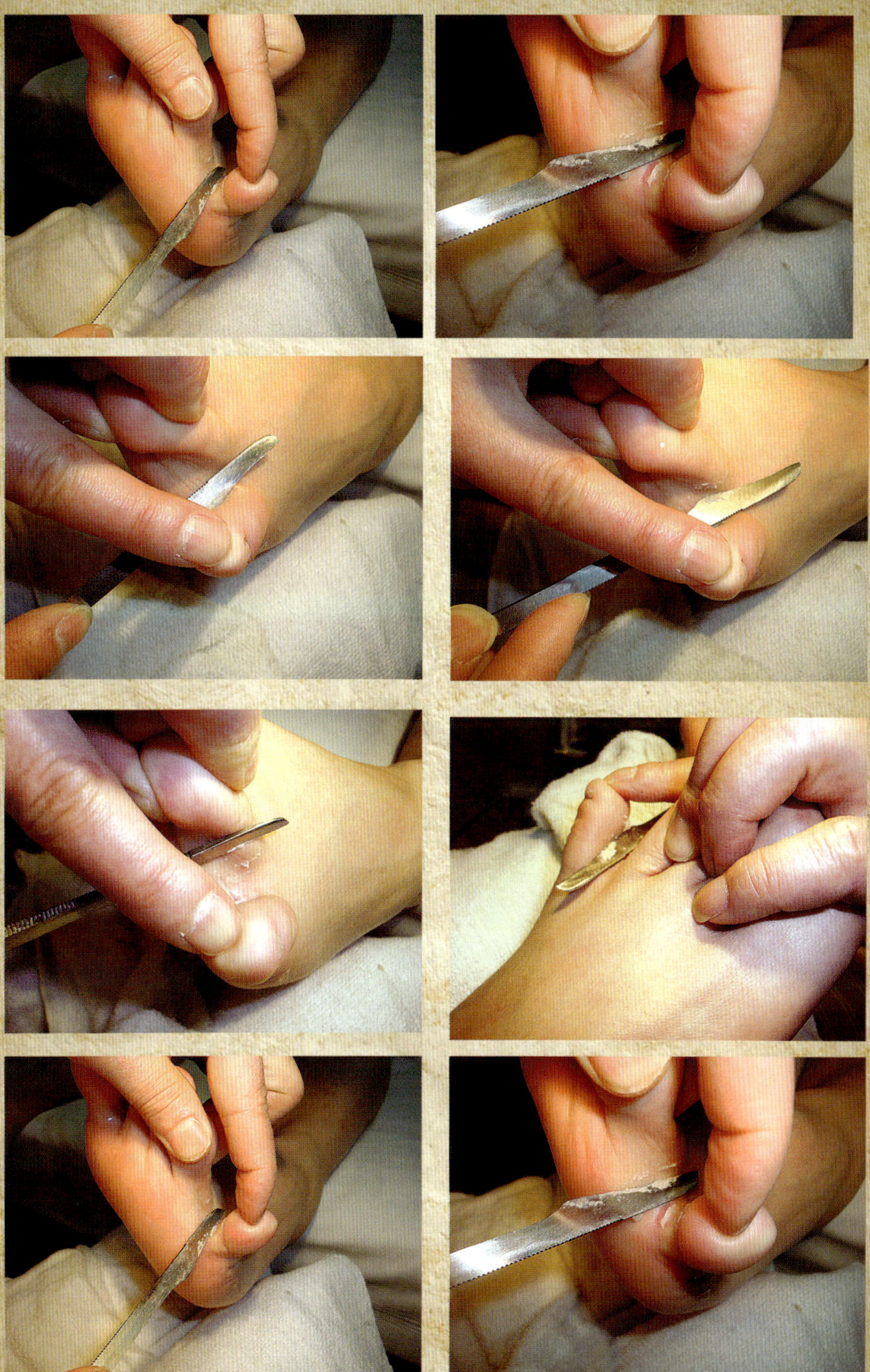

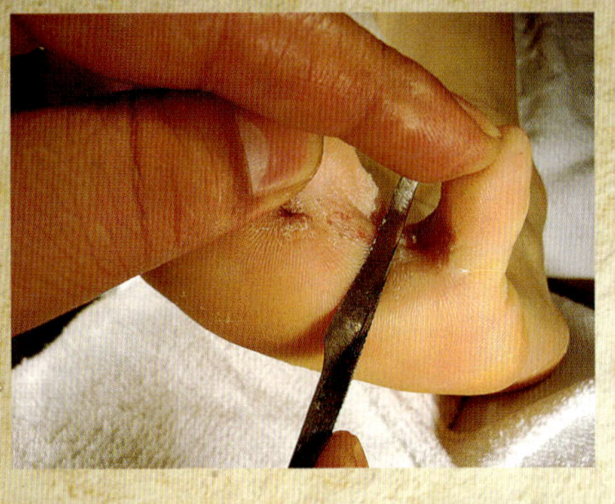

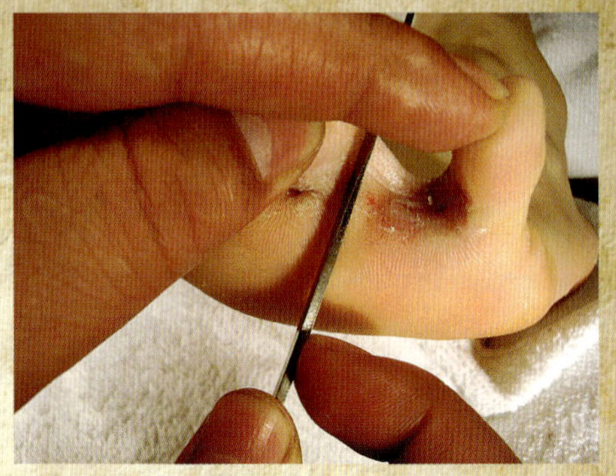

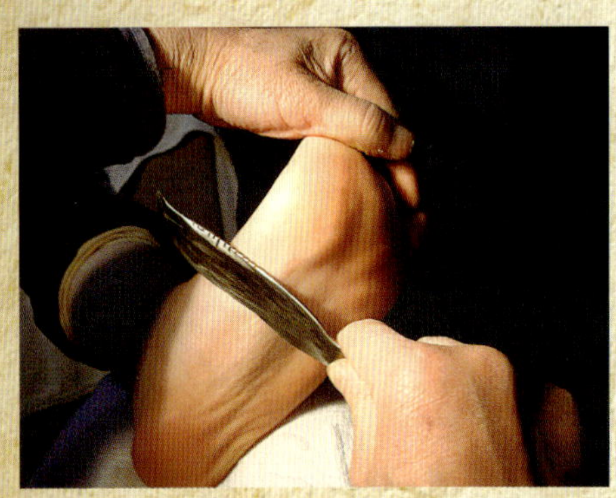

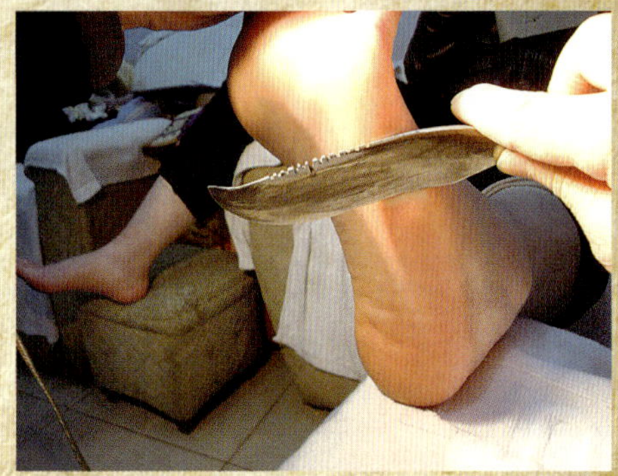

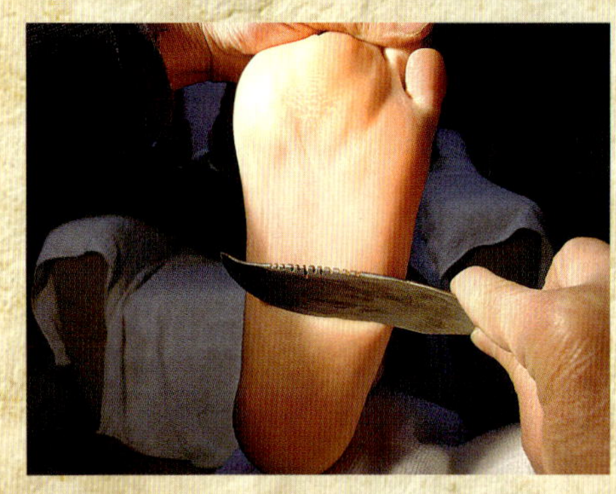

刮脚基本要求：

一是刀在脚趾间无论是左右刮、前后刮、挡刮，切记刮刀不可跳动，必须贴实，一下一下刮。

二是手法要柔和，不要生硬。

三是看脚气轻重、发白程度、角质层厚度来决定是轻刮或是重刮，遇到指缝中间有裂口的要特别注意，裂口处的肉最嫩，下刀一定要轻柔，刀刃接近裂口处时，向左向右轻轻起刀。刮脚趾背部时，左手（除食指外）抓住脚趾顶部，食指使其脚趾分开，注意上下趾或左右趾，以免使其划伤。

（二）挡法（去死皮）

遇到趾间有死皮难以刮去或又痒又痛的情况下，可采用挡刮法。用刮刀把在趾甲缝中前后刮，轻重要适中。

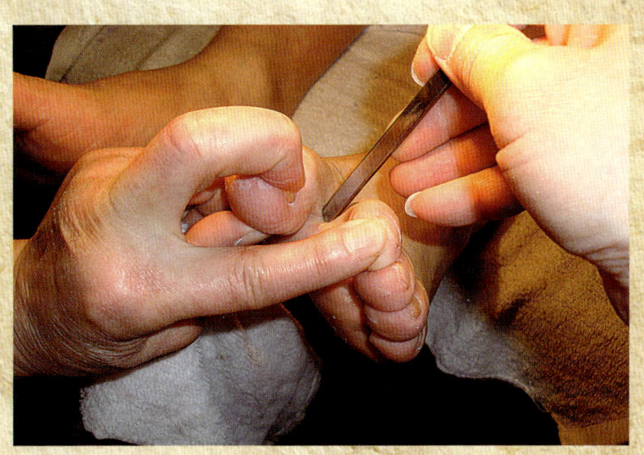

（三）搓法

搓法就是利用刮刀背，贴实脚趾内壁，将死皮、增厚角质层（白皮）搓掉。无论是刮脚或搓脚，把白皮去掉的同时要保证见红不见血，出水（液体）不出血为最佳，如果出水（液体）很少，可用手捏一捏趾间，使其毒水（液体）出来即可。

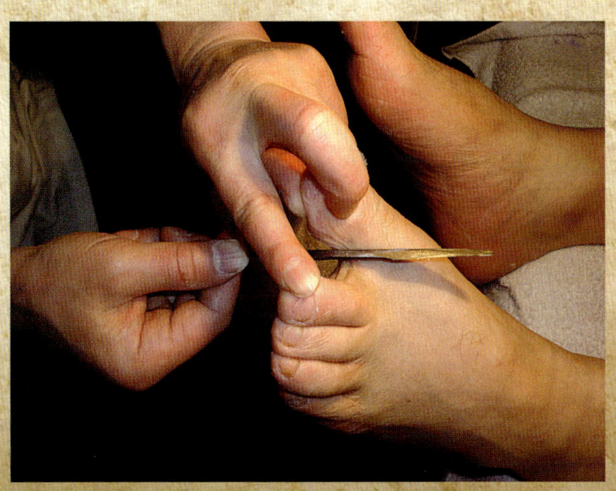

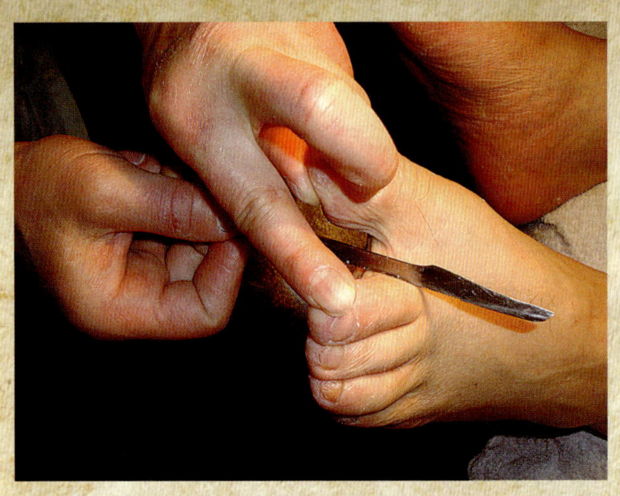

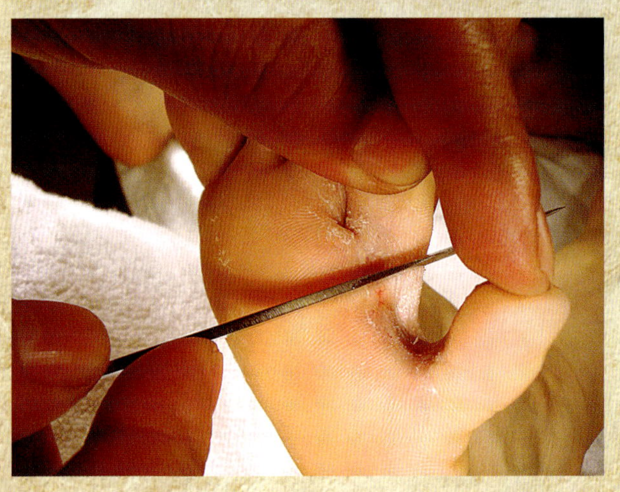

第二节　捏　　脚

江浙一带自古流传着一句俗话："洞房花烛夜，不如毛巾捏脚丫。"以此来形容捏脚的爽快劲。

捏脚主要捏有脚气的趾间部位，脚趾根部至脚趾内部两侧，捏脚之前应对脚进行观察，了解脚气的轻重，痒的部位，有无裂口、肉瘊、趾垫、鸡眼，然后针对不同情况采用不同的捏法。

一、捏脚步骤

捏脚分三个步骤进行:一撩，二捏，三刹。

一撩：在有脚气的脚趾表面从趾根到趾尖方向来回轻轻浮在表面进行撩痒，看顾客表情，有反应即可。

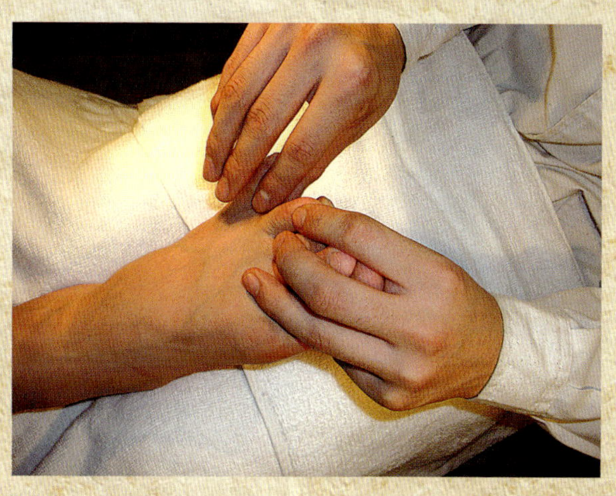

二捏：有单手捏、双手捏，两指可交错用力，也可同时用力，不要用胳膊上的力，要用手腕上的力和指力，不要摆动手腕、胳膊。

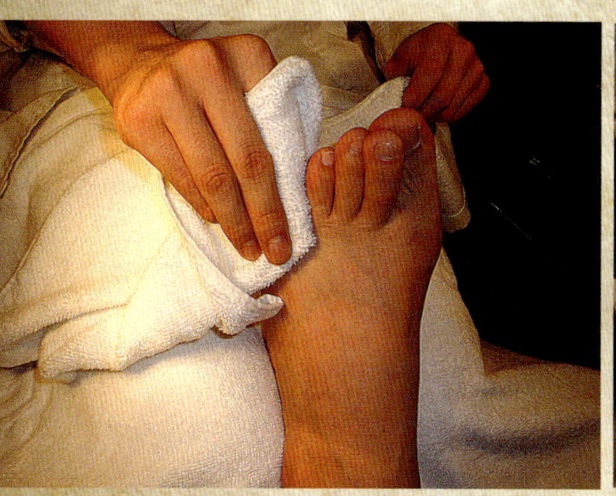

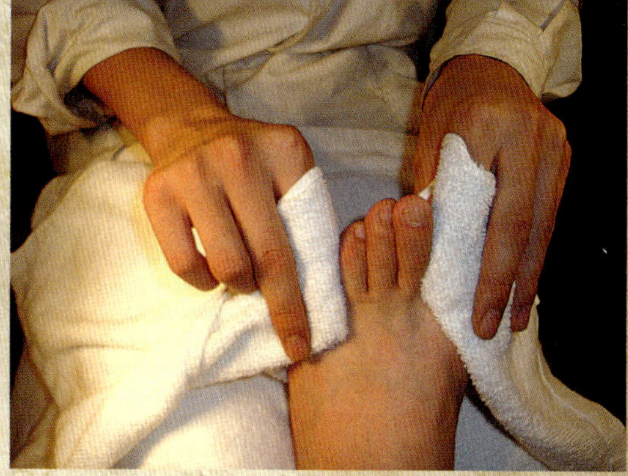

三刹：就是双手拇指和食指同时用力捏住趾缝根部一分钟左右，然后猛一松手。

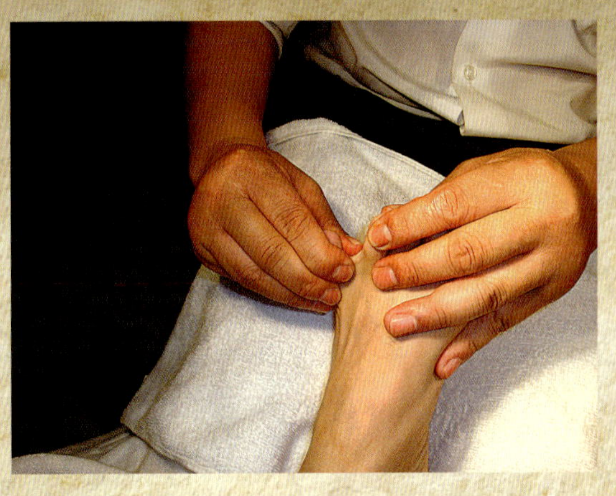

二、捏脚要领

拇指顶住脚趾根部，食指从脚趾根部顺着脚趾内部趾夹来回搓动，食指在搓动过程中要着实，不可浮在上面，先用五分的力再慢慢捏。捏的时候要察言观色，边捏边加力边看客人面部表情，捏到腿部起鸡皮疙瘩，汗毛竖起，然后猛的一刹，趾缝里有脚气水渗出即可。

1.拿毛巾的要领

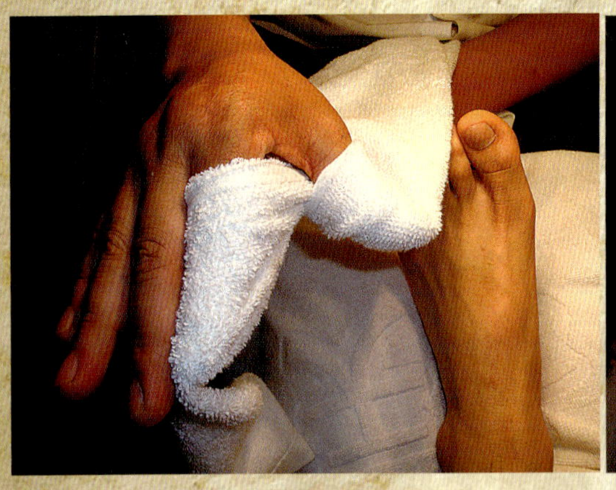

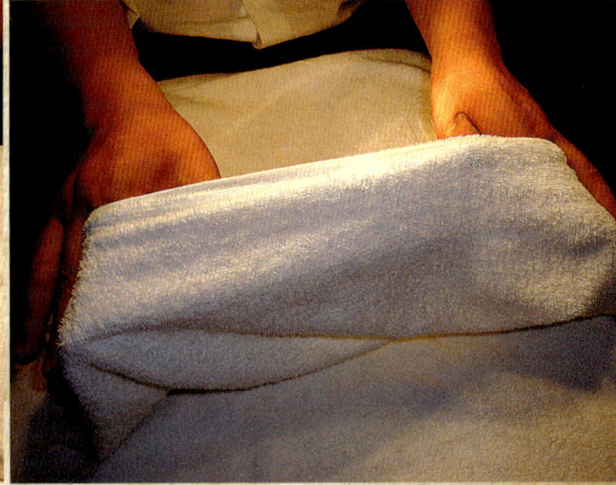

2.放松动作要领

（1）捏　一只手将趾支离开，另一只手抓住毛巾，拇指和食指同时一上一下快速地进行。

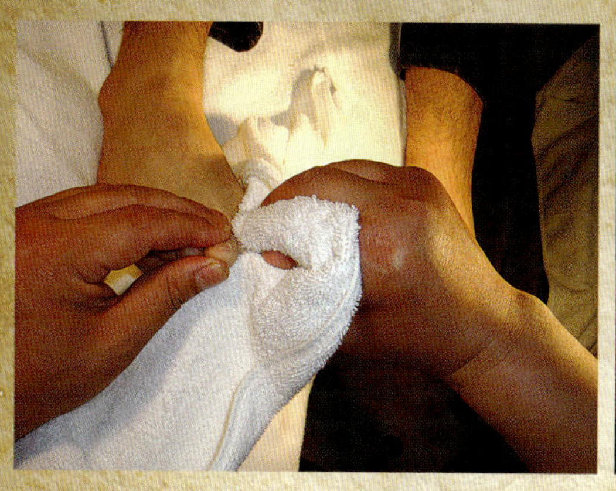

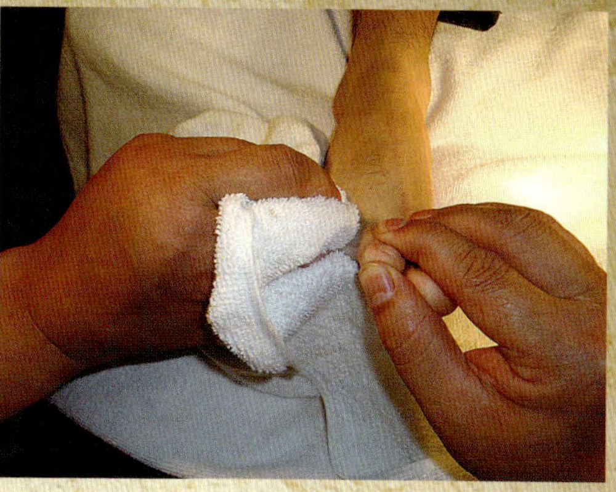

（2）搓

1）搓趾 双手持毛巾，对挤上脚部，双手掌前后搓动，以双手掌为着力点，施力处为双手掌和双手腕，前后搓动，先慢后快，先松后紧。

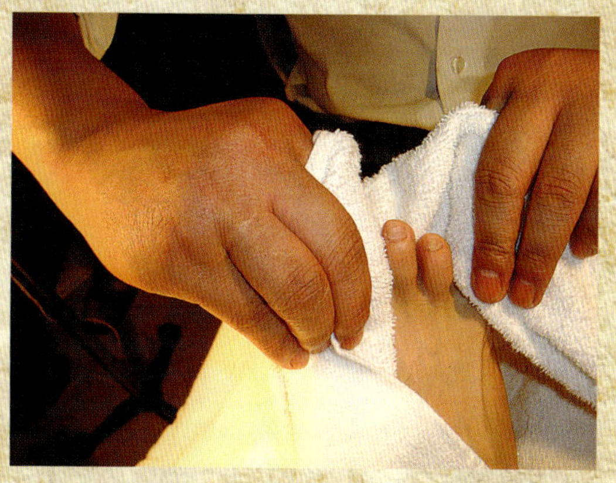

2）搓脚 用双手掌搓大小脚趾两侧。

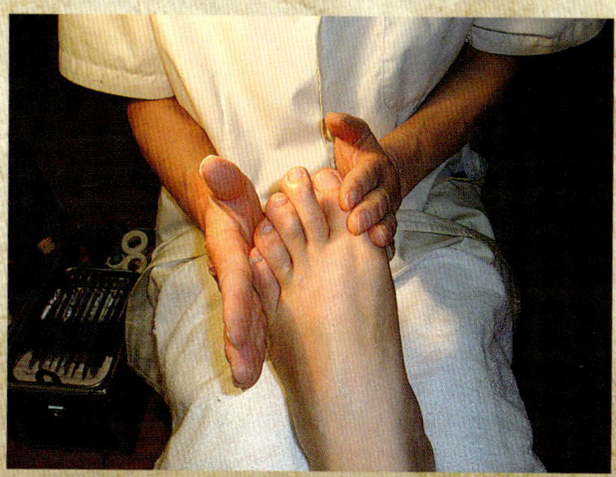

（3）烫　将热毛巾扯起，用毛巾两角放在脚缝里，来回拉动。注意水温不可过高(稍高一点最好)，更不可过低。

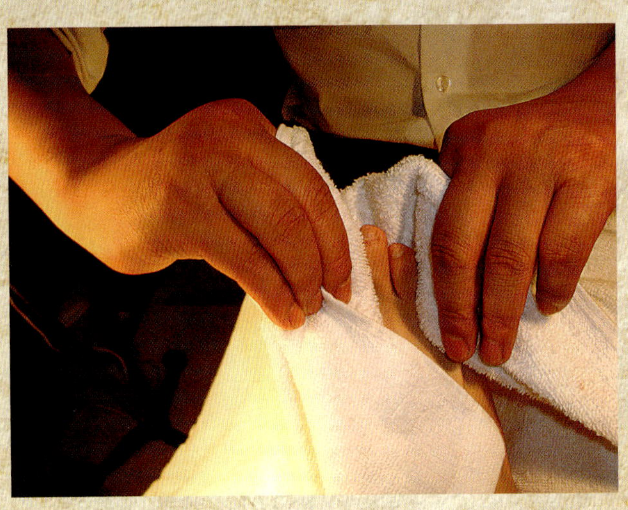

（4）拧　将毛巾四个角分别置于四个趾间缝，一手包握脚背，另一手将毛巾不断拧紧，稍停留一分钟。

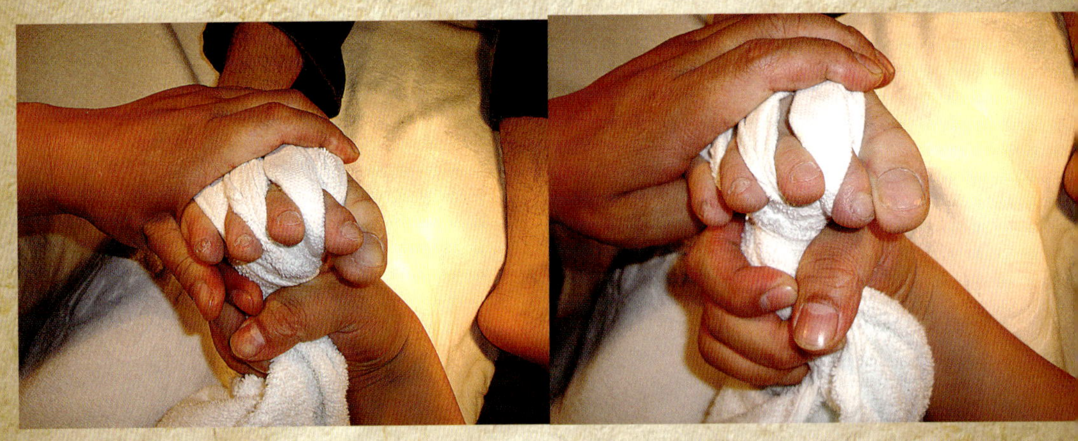

（5）焐　取一块热烫毛巾包焐前脚掌，然后在趾间轻轻捏动。有条件的话可用热毛巾热敷一下趾间。最后做简单收尾放松动作。

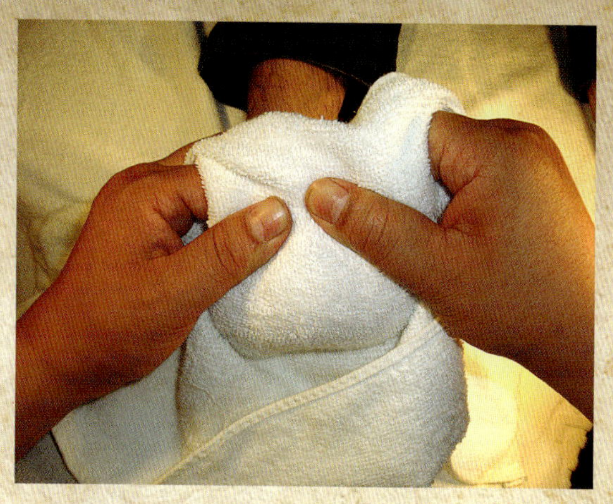

3.双手掌搓法

动作要领：

- 双手展开夹住脚前掌，前后对搓一分钟左右。
- 五指并拢用手背拍击脚底三至五次。
- 左手按住脚前掌、右手用空拳敲击脚面三五次。
- 右手按摩、敲击小腿前后部内外两侧，放松小腿。

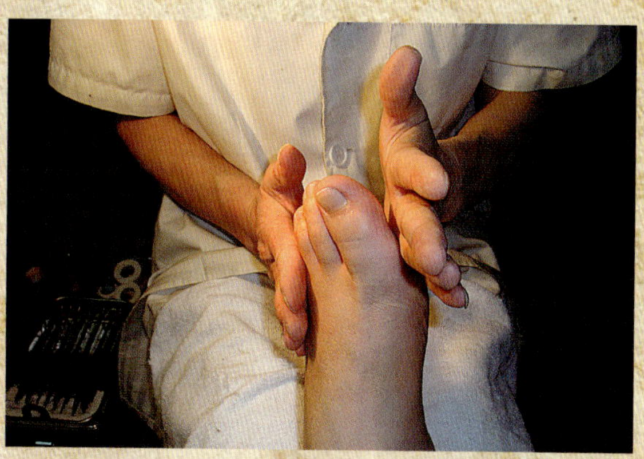

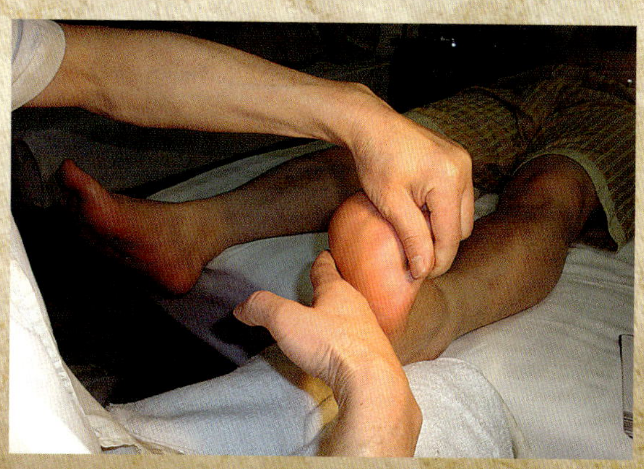

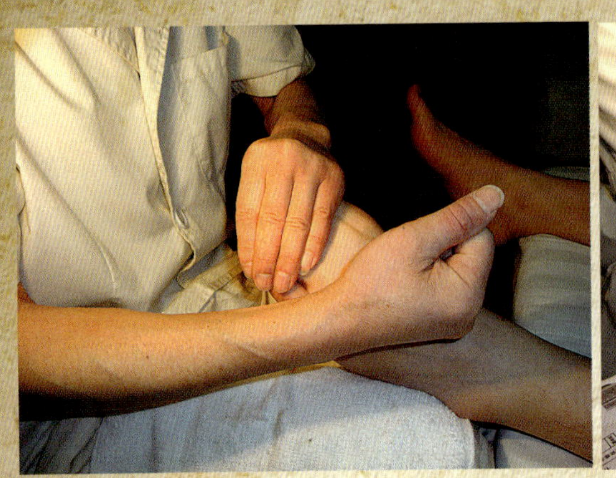

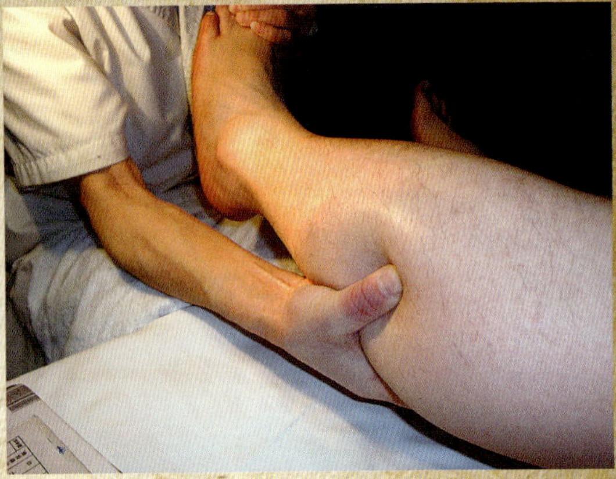

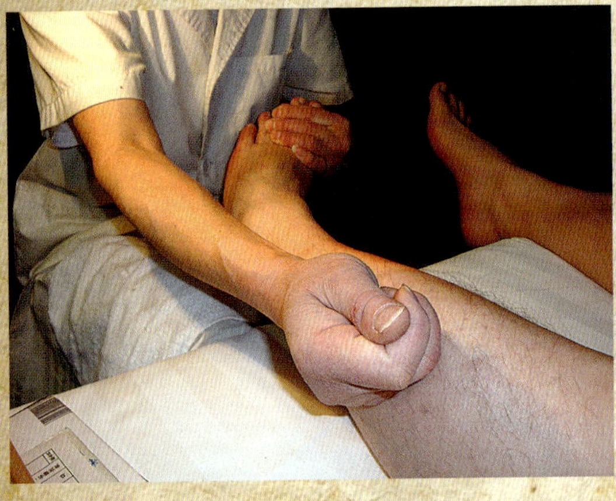

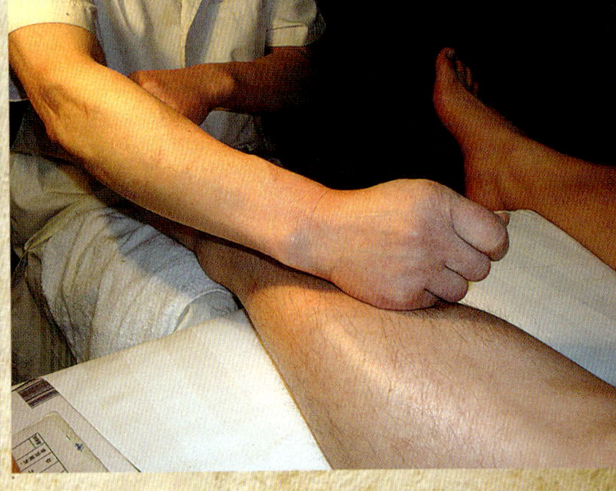

第三章　脚病的诊断与治疗

无论片、刮，修脚刀法讲究：见红不见血。

修脚一定要除根，根之不除，意味着腐之未去，即使用药，药效大减。

药之方剂，十年磨一剑，是师承之功和前人的智慧结晶。

本书倡导中药疗法，偏方较多。

第一节　足部皮肤病

足部诊断是修脚的根本，只有判断准确才能用正确的方法修治。常见的足病有鸡眼、脚垫、甲癣(俗称“灰趾甲”)、疣、足癣、湿疹、嵌甲、掌跖角化病、足皲裂、甲下血肿、畸形趾甲等。

一、手足癣

足癣俗称“湿脚气”或“干脚气”，是皮肤病中发病率最高的一种传染性疾病。

古代医家对脚气的分类：脚气有干脚气和湿脚气之分，湿脚气中有寒湿脚气、湿痰脚气、湿热脚气、湿毒脚气等，此外还有风毒脚气、瘴毒脚气、脚气冲心、脚气入腹、脚气迫肺等多种类型。

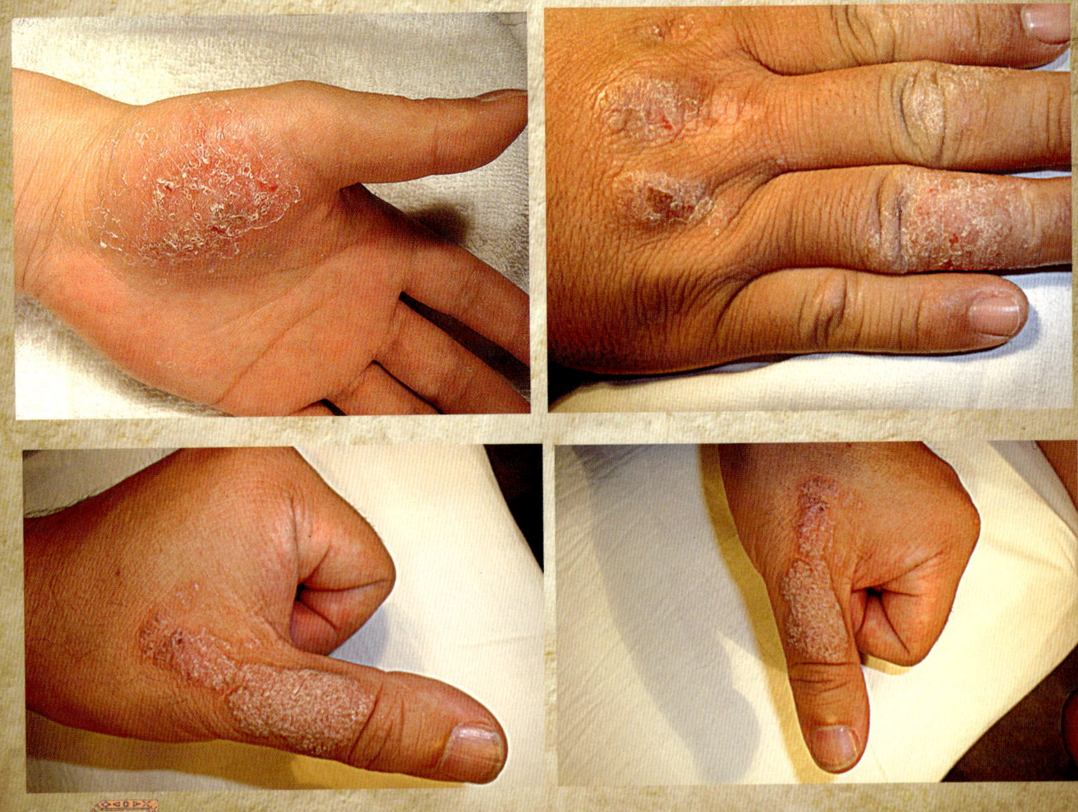

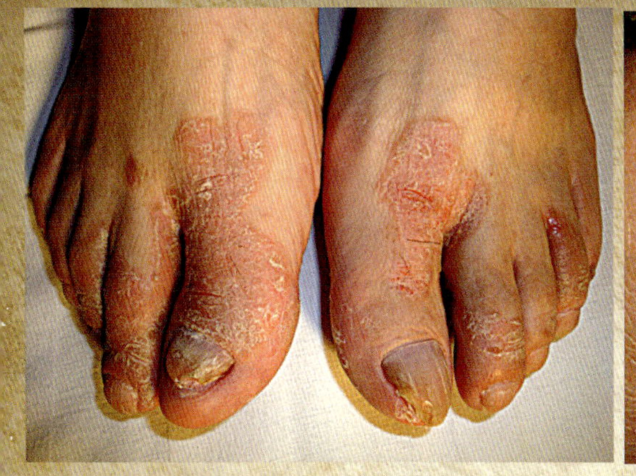

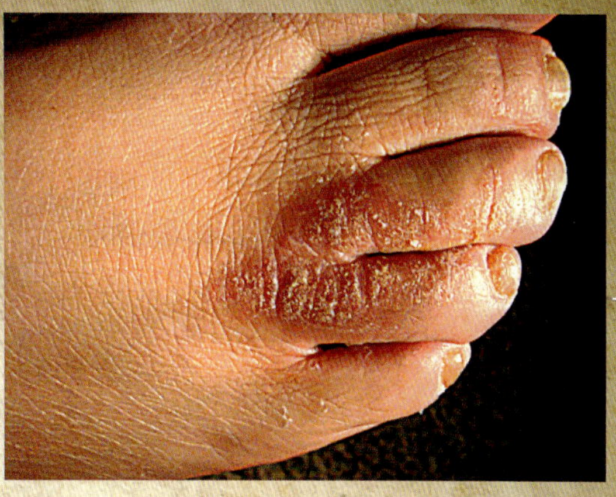

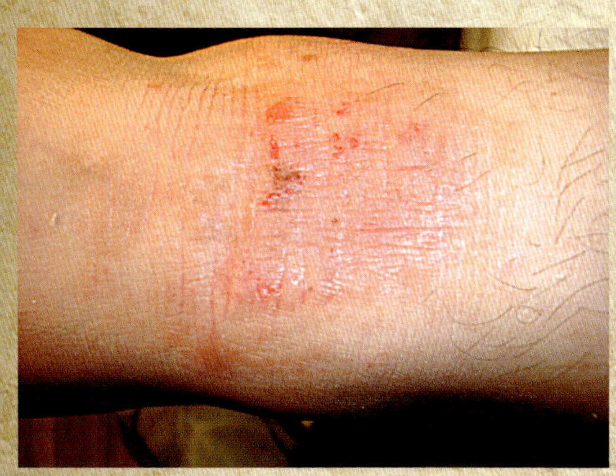

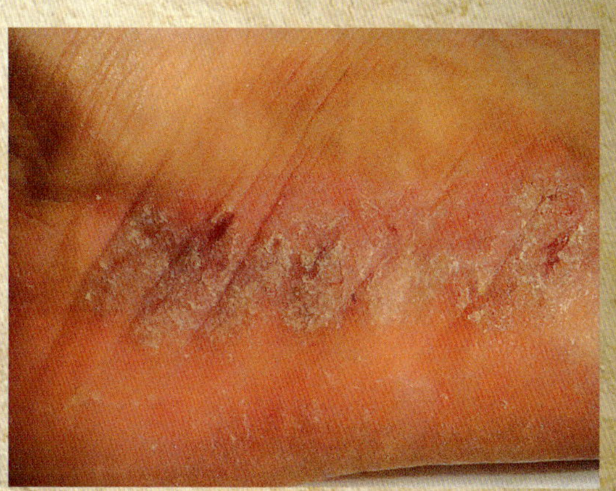

其中足膝不肿而痛、筋脉局缩挛痛、枯细不肿为干脚气，干即热也。筋脉弛张而软，或浮肿，或生臁疮，为湿脚气。

脚气是一种极常见的真菌感染性皮肤病。70%~80%的成年人都有脚气，只是轻重不同而已。一般春秋两季加重，冬夏减轻，也有人终年不愈。

有很多人把“脚气”和“脚气病”混为一谈，事实上，医学上的“脚气病”是由邪毒之气，从体内流入脚，以及外受风毒，外邪侵入而形成全身性疾病，叫脚气病。而脚气是维生素B族缺乏，造成人体免疫能力下降，真菌感染所引起的一种常见的皮肤病。脚气最容易自身或交叉感染，穿呢绒袜、塑料胶鞋，以及用公用洗脚盆、浴巾、拖鞋等均易感染。

一般年轻人患病较多，而老人和儿童较少，体质强健的人发病率比体质弱的人低，足汗多的人发病率比足汗少的人高，在潮湿环境工作的人发病率比在干燥环境工作的人多。

患脚气较重的部位常有瘙痒感，夜间加重。由于奇痒难忍，患者常用手抓痒、揉搓，皮肤搓破后流出分泌物，之后局部脱屑或结痂，反复发作，严重时不能穿鞋袜，并感染其他部位，如引起手癣和甲癣，也可能因痒被抓破，继发细菌感染，而引起严重的并发症。

1.水疱型

患者趾侧（趾缝）与足底有成群或分散水疱出现，外周轻度潮红，有的发痒难忍，也有不痒者。水疱有米粒或黄豆大小，有时几个小水疱融合成一个大水疱，用刀刺破有分泌物，干燥后形成环状鳞屑。如有细菌感染，则变成脓疱。

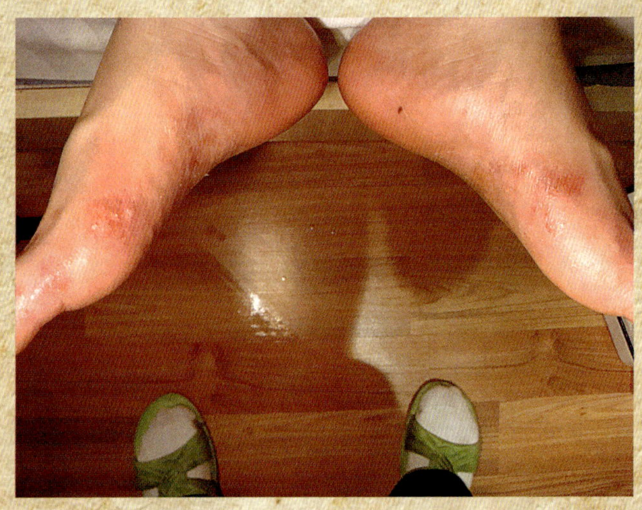

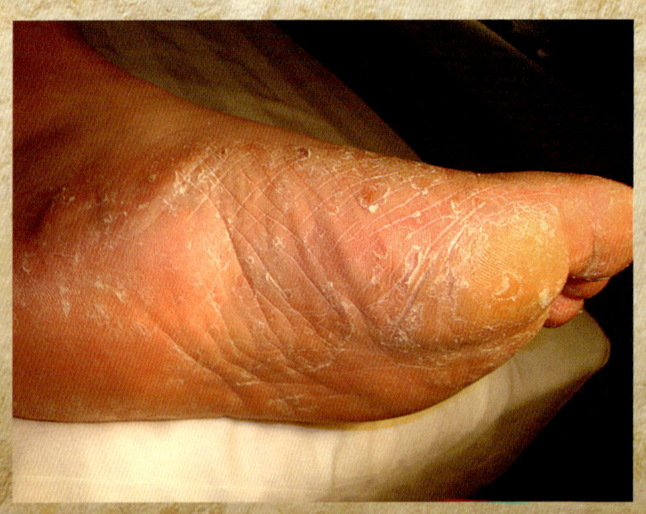

（1）药物外治法　牡黄二子汤泡洗，每剂用2天，每天2次，每次15~20分钟，擦干后外搽30%冰醋酸。

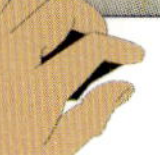

牡黄二子汤

牡蛎、大黄、地肤子、蛇床子、红花、黄精、生地黄各30克。水煎。

滑冰散处理：滑冰散撒布于患处。

滑　冰　散

滑石30克，冰片15克，枯矾15克。共研细末。

（2）外贴综合治法　对于疱大而皮肤潮红者，可以用消毒过的针挑破，擦净水液。

（3）外用脚气灵喷涂　干后上脚气粉或用八味散撒敷。

八　味　散

苍术、黄柏、生石膏、轻粉、红粉、蛤粉、冰片、黄连各3克。共研细末。

2.鳞屑角化型

轻者仅发生在四趾缝中，重者则发生于整个足部，鳞屑不断脱落并不断发生，剥去鳞屑皮肤多呈粉红色，日久不愈。趾缝或足跟皮肤角化增厚，冬季干燥时可发生裂口，天热时可产生水疱。

（1）脱皮治法　即用碘二酸软膏，盖油纸(防止渗出)包扎，2~3天换药1次。角化腐皮脱下后，外涂脚气灵软膏，搽到局部不再脱皮，继续巩固一段时间。

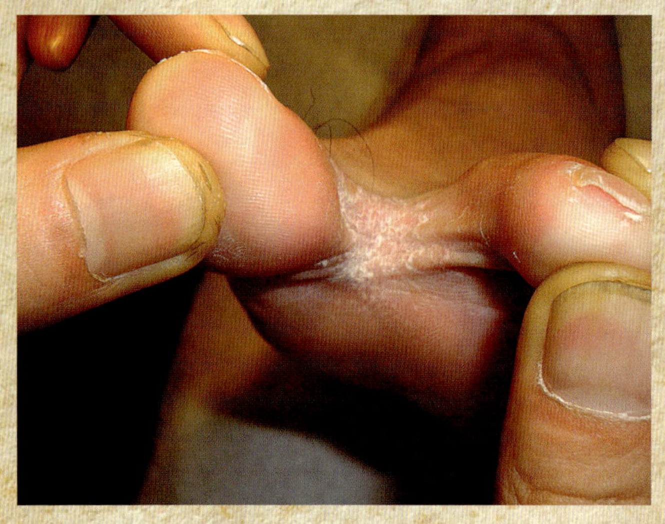

碘二酸软膏

水杨酸100克，苯甲酸100克，碘化钾30克，羊毛脂50克，凡士林150克。调膏外涂。

（2）药物内服法　皮肤损害面积大而严重的患者，可以用中药当归拈痛汤内服，健脾利湿，清热活血，可以使脾胃得健，湿邪不生，而且引湿毒从小便而出，远期疗效非常理想。

当归拈痛汤

当归10克，黄芩10克，茵陈15克，党参10克，猪苓10克，泽泻5克，白术10克，苍术10克，苦参10克，升麻6克，葛根15克，羌活10克，防风10克，知母6克，黄柏6克，甘草10克。水煎。

3.糜烂型

糜烂型趾间潮湿发白，有臭味、裂口、脱皮现象，剥去表皮，其下为湿润的潮红糜烂面。较重者有疼痛感，第三、第四趾间最易发生。一般采用药物外治。

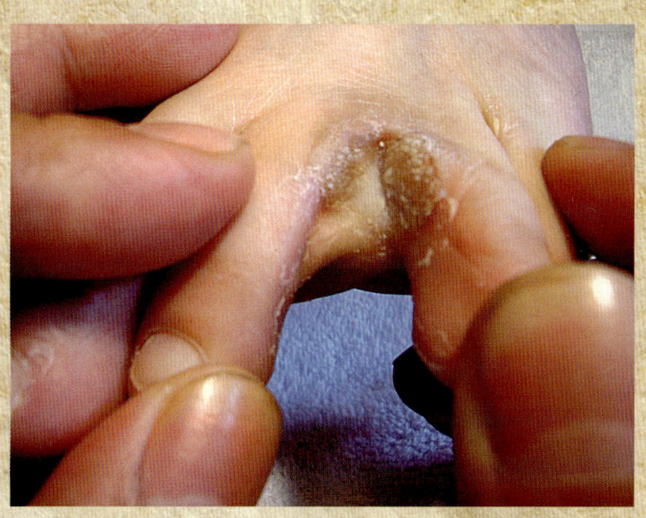

先刮去脚上死皮，上脚气水、脚气膏，糜烂处上脚气粉。

糜烂型可用臭蒲白矾汤，每剂用2天，每天2次，每次15~20分钟，熏洗擦干后外撒八味散或脚气粉，糜烂消失后局部外搽脚气灵喷剂，撒少许滑冰散即可治愈。

臭蒲白矾汤

臭蒲根、白矾各30克，食盐60克。加醋水煎后置于盆中熏洗。

4.湿疹型

（1）病因与症状　湿疹是由内、外因素引起的一种急性或慢性皮肤炎症。急性有红斑、丘疹、水疱、红肿、渗出、糜烂、结痂；慢性者皮肤呈褐红色浸润、肥厚、皲裂，有鳞屑或苔藓样改变及脱屑性片块等。多由风湿热或血虚、脾虚复受风邪、寒湿等所致。

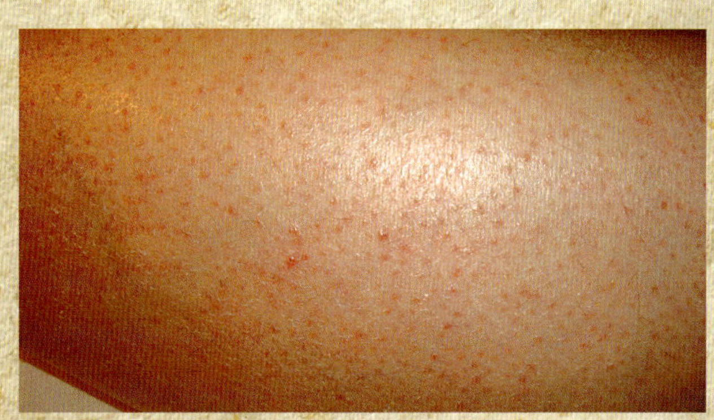

腿部湿疹

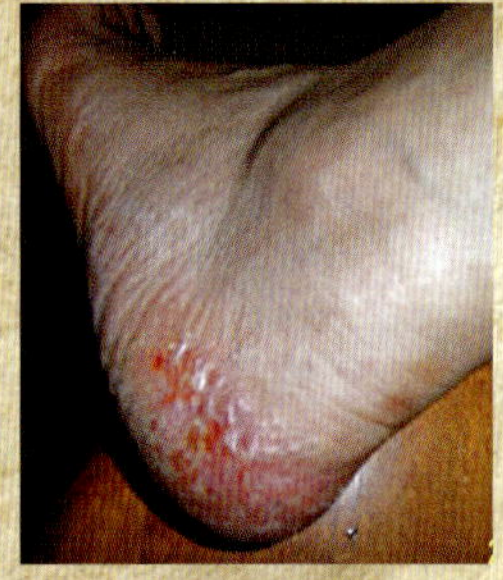

脚跟湿疹

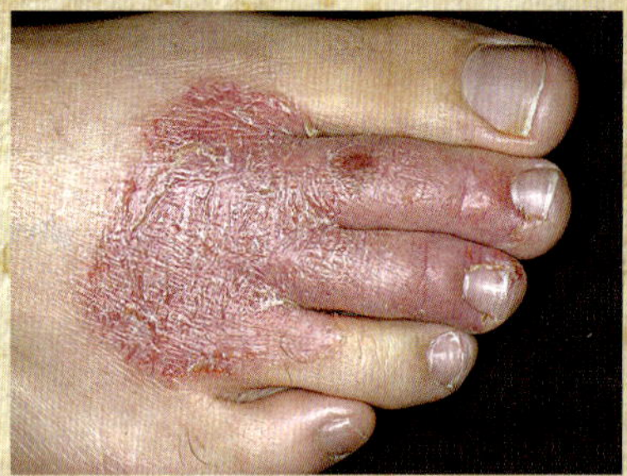

脚面湿疹

（2）药物内服法　中药治疗以清热、祛风、利湿、活血为主。

1）急性湿疹　可用麻黄连翘赤小豆汤合三妙散合四物汤加减，每天1剂。

麻黄连翘赤小豆汤合三妙散合四物汤加减

麻黄10克，连翘10克，杏仁10克，桑皮10克，赤小豆30克，生姜10克，当归10克，赤芍10克，川芎10克，生地黄10克，牡丹皮15克，苍术10克，黄柏10克，薏苡仁30克，红花30克，甘草10克。水煎服。

2）慢性湿疹　以养血祛风为主，用四物消风饮加减，每天1剂。

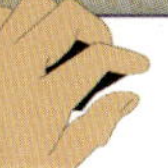

四物消风饮加减

当归15克，赤芍15克，生地25克，川芎10克，柴胡10克，苦参15克，白鲜皮15克，荆芥10克，防风10克，蝉蜕10克，僵蚕10克，甘草10克。水煎服。

（3）药物外治法

1）皮肤损害、红肿明显或渗液较多者　可用黄矾洗剂，以6层纱布蘸药汁湿敷患处，每天多次，可迅速好转。

黄 矾 洗 剂

黄柏、明矾、甘草各30克。水煎煮。

2）皮肤干燥、增厚、结痂、脱屑为主者　可用银五粉加大黄，诸药共研细末，加市售去炎松软膏调匀，外搽。隔日换药1次，直至痊愈。

银五粉加大黄

银朱50克，五倍子50克，大黄30克。

（4）注意事项　该病与足癣易混淆。足部湿疹的损害多呈对称性，以激素类药膏如氟轻松、去炎松等软膏外搽有一定效果；而足癣的损害多不对称，皮屑化验可见霉菌，使用激素类药膏无效，使用抗霉菌类药物如克霉唑等效果明显。本病与接触性皮炎比较，接触性皮炎的皮损常限于接触部位，边界比较鲜明；而足部湿疹边界弥漫，皮损的部位不定。

该病可引起急性感染，此时可外搽黛黄膏，会有明显的效果。

中医治疗癣症有一些奇特的药方，这里推荐使用5种中药方剂，即羊蹄根散、必效散、散风苦参丸、疏风清热饮、消风玉容散。另外，介绍牛皮癣美国民间秘方和牛皮癣日本民间秘方，以供参考。

羊蹄根散

羊蹄根24克，枯矾6克。共研细末，米醋调擦。

必效散

木槿皮120克，海桐皮、大黄各60克，百药煎42克，巴豆（去油）4.5克，斑蝥（全用）1个，雄黄、轻粉各12克。共研极细末，用阴阳水（开水和凉水）调药，将癣抓破，薄敷。药后必待自落。

散风苦参丸

苦参120克，炒大黄、独活、防风、玄参、枳壳、黄连各60克，黄芩、生栀子、菊花各30克。共研细末，炼蜜为丸，如梧桐子大。每次30丸，饭后用白开水送下，日服3次。

疏风清热饮

苦参6克，全蝎（土炒）、皂角刺、猪牙皂、防风、荆芥穗、金银花、蝉蜕（炒）各3克。酒、水各150毫升，加葱白1段，煎取150毫升，去渣热服，忌发物。

消风玉容散

绿豆面90克，白菊花、白附子、白芷各30克，熬白食盐15克。共研细末，加冰片5片，再研匀收贮，每日洗患部。

牛皮癣美国民间秘方

菝葜（萆薢）15克。将药浸入100毫升90℃温水中一夜，次日晨煮沸20分钟。趁热饮服一半，余下一半下午服用。

牛皮癣日本民间秘方

牛虻30只，浸入烧酒（含75%酒精）100毫升7天7夜。用药酒涂患处。如有继发感染者，按足癣药物外治法处理。

另外，手癣（鹅掌风）推荐使用鹅掌风膏。

治疗癣症前，有鳞屑皮时，要先用刮刀清理，然后上鹅掌风膏。

鹅掌风膏

熟地24克，生大黄18克，大风子肉15克，百部15克，花椒6克，蛇床子15克，豨莶草18克，海桐皮15克，木鳖子（切片）15克，紫草12克，生杏仁12克，牡丹皮12克，当归12克，生甘草6克。

将上药浸入1 000克麻油中，经48小时后，用炭火煎至药色微黄为止，用粗筛沥渣备用。蜂蜡（切片）240克放在杯内备用。粗沥的油再放细筛沥，经两次沥下的药油，趁热倒入杯中，搅匀成膏。

每日睡前用温水洗净患处，擦干后涂药膏，然后用纱布覆盖即可。

无论哪一类型的手足癣，当症状消失后，必须坚持治疗一段时间。涂药前，一定要洗患处，并应尽量洗去皮屑。有水疱者，应消毒后挑破水疱，再涂药。

如发现红肿、有细菌感染时，应先控制感染。对糜烂型用药浓度要低，药性要温和，应避免刺激过重而引起疼痛。

使用醋浸法治疗各类足癣也是民间常用的一种好方法，既可剥离角质，又可杀灭真菌，在药物不齐备的情况下，可以选用。

二、甲癣

1.病因与症状

甲癣俗称“灰趾（指）甲”，分指甲癣和趾甲癣。是浅表皮肤真菌侵犯甲板或甲下的一种霉菌病，多由手癣或足癣直接传播而来，也可因甲部外伤而感染所致。初期甲旁有发痒的感觉，多为1~2个趾（指）甲感染出现灰白色斑点；日久甲部逐渐增厚，出现高低不平，有的是中间蛀空，或残缺不全，表层由白色变成灰黄色；最后趾（指）甲变形、变厚甚至全部糠空。有的表面失去硬质层，缺乏原来的光泽而变为黄色或灰色，甲内发生臭液，逐渐变为黄色粉末。由于趾（指）甲基本糠空，甲床也随之鼓起，呈不规则、不平整的形态，所以在修薄病甲时，常有肉条夹杂于灰甲当中，极易修破而出血。形状向上翻的翻头趾（指）甲、螺旋趾（指）甲、蒜皮一样的薄趾（指）甲，大多属于甲癣的范畴。

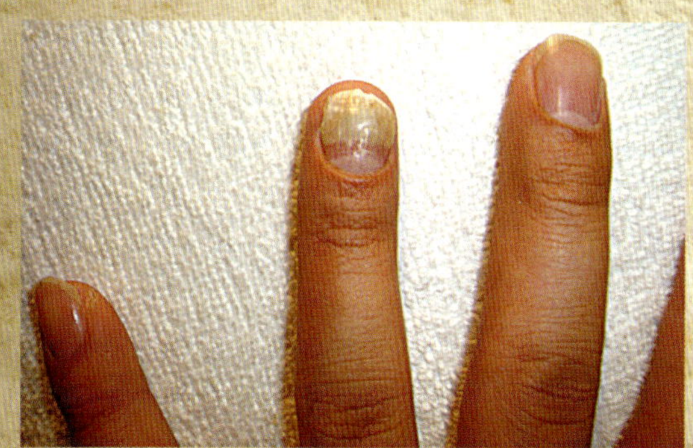
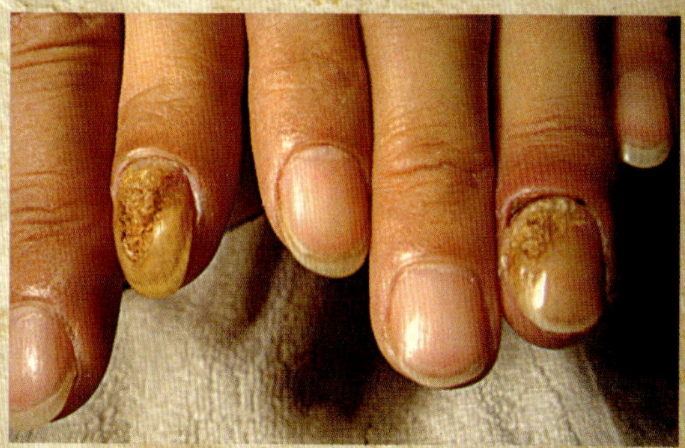
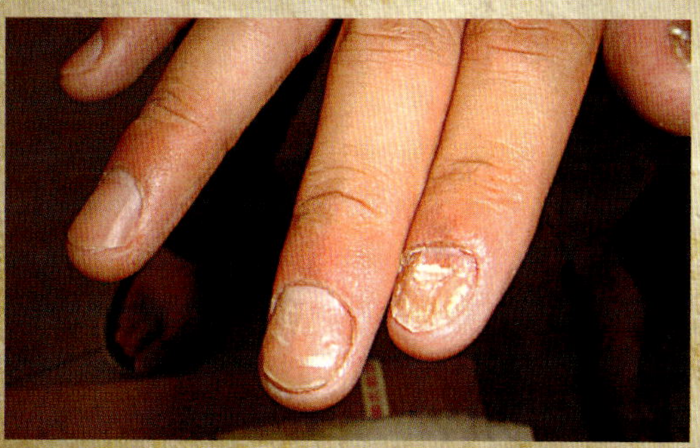
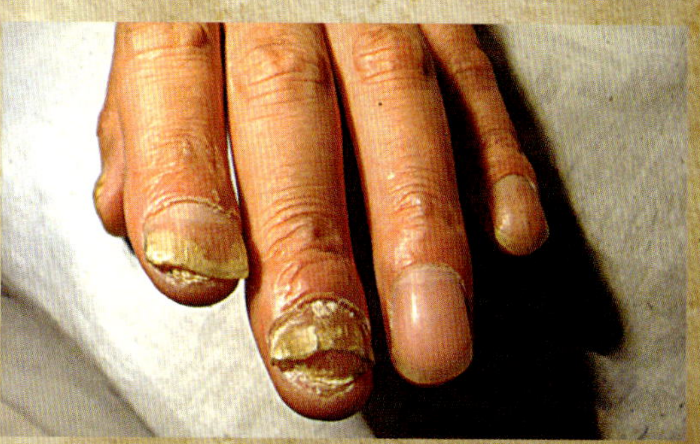

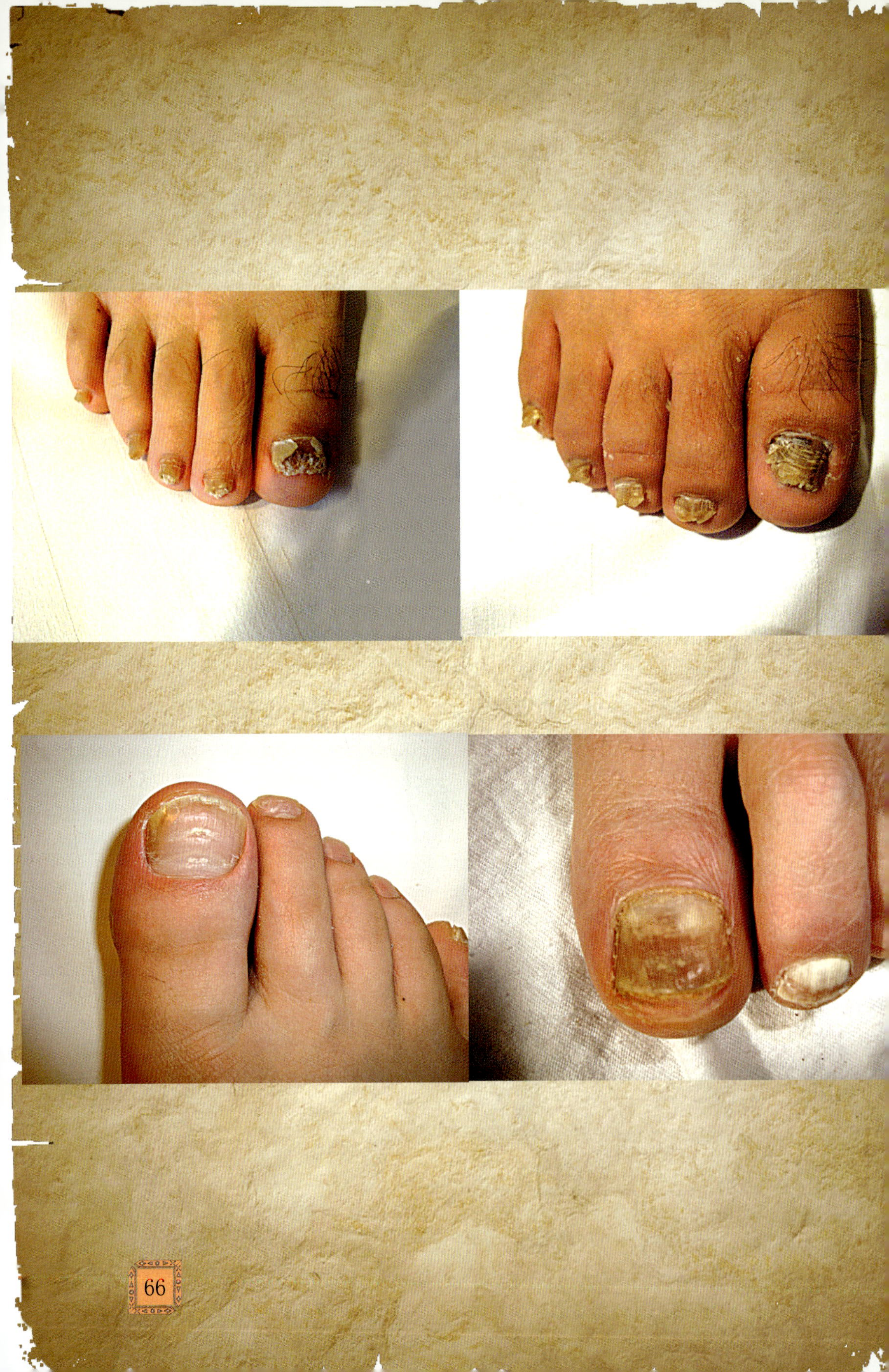

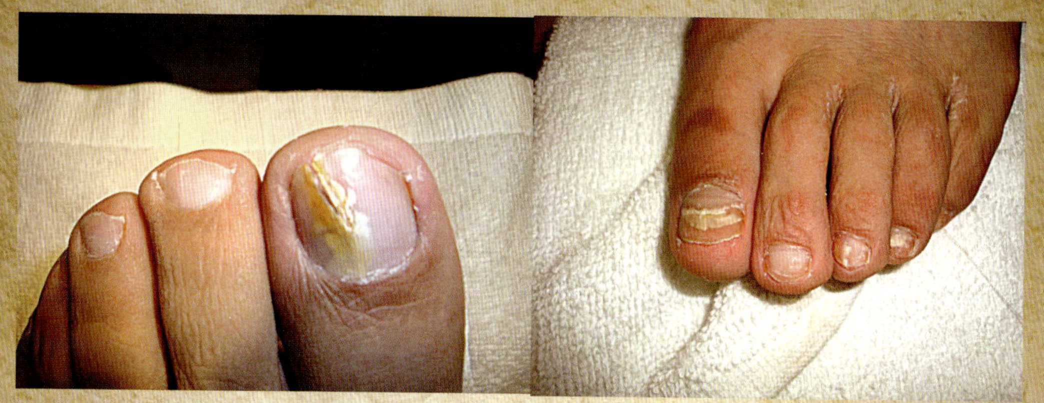

2.治疗

（1）修治法　修治前，应用热水将病甲泡软，然后以锛刀将厚甲去薄。锛时要注意颜色，表层原来是白色或灰色的，要锛到见粉红色；表层原来呈深黄色的，要锛去黄甲及甲内黄渣。

（2）药物外治法

1)拔甲膏　孙氏拔甲膏是孙洪宝先生自创的特效药，许氏拔甲膏是许平先生多年临床实践的特效药。

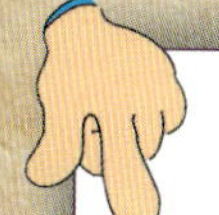

孙氏拔甲膏

冰醋酸70%，凤仙花5%，土槿皮5%，花椒3%，白酒17%，浸泡1周后调制成膏备用。使用前，必须先把趾甲打磨到位。

许氏拔甲膏

蓖麻子45克，蛇蜕45克，天南星45克，花椒30克，大风子30克，生川乌18克，乌梅30克，皂角刺45克，地肤子45克，杏仁30克，威灵仙30克，凤仙花子120克，千金子45克，五加皮45克，僵蚕30克，生草乌18克，凤仙花60克，地骨皮45克，香油1 500毫升。上药加热熬黑，去渣，再熬炼至滴水成珠，放入樟丹适量成膏，晾温，加硇砂60克，拌匀即得。

主治：甲癣、甲病、甲真菌病等。

用法：将适量拔甲膏放酒精灯火焰上加热，至软化时置病甲上，用手将其压平，外用胶布包裹固定，4~5天换药1次，3~5次病甲即可刮修脱落，残甲可用修脚刀修平。病甲除去后，可外搽癣药水至新甲长全为止。

2）手足癣醋泡液

手足癣醋泡液

花椒10克，大风子10克，明矾10克，皂角刺15克，雄黄5克，鲜土槿皮30克，砒石1.5克。将此药物加入凤仙花全株30克，醋1 000毫升，放入沙锅内浸泡一夜，次日煮沸后待用。

主治：甲癣、足病、甲真菌病等。

用法：用药醋浸泡病甲，每次30分钟，每天2次，30天为一疗程。

3）红风浸泡剂

红风浸泡剂

红花10克，防风5克，五加皮10克，明矾15克，皂角刺2根，陈醋2 000毫升。浸泡24小时后，过滤存汁，待用。

主治：甲癣、甲真菌病。

用法：用药醋浸泡病甲，每次20分钟，每天2次，30天为一疗程。

4）甲癣膏

甲 癣 膏

生川乌、百部、白鲜皮、威灵仙、皂角各3克。

主治：甲癣。

用法：将上药加入1%冰硼酸200毫升后，再添水200毫升，加热至沸，待温浸泡病甲，每次30分钟，泡后甲软，即可修甲。

5）灰趾甲膏

主治：甲癣。

用法：每取适量贴患甲，直至脱落。

特别提示：病甲除得越彻底，新甲长得越快。但由于趾甲的覆盖，往往药液不能与潜伏的霉菌充分接触，因此要杀死全部霉菌需要较长时间。另外，趾甲从基部到正常趾甲长出，一般需2~3个月，因而治疗时要有耐心，疗程往往需3~6个月的时间。

灰趾甲膏

全蝎5个，蜈蚣4条，斑蝥3个，蜂房9克，指甲片10个，血余炭1团，香油500克。将上药用香油煎熬枯去渣，微火炼油成珠，放入樟丹180克，炼成膏。

修治也可用剥甲的方法，用胶布保护好甲周皮肤，露出病甲，外贴拔甲膏，3~5天换药1次，待病甲脱落后，外搽市售灰黄霉素药水，直至长出新甲。如果新甲仍有糠空的现象，仍要继续剥甲和治疗。

三、脚气病

1.病因

风毒中伤人体身上任何地方都可能引发脚气病，可为什么偏重于脚上呢?

人有五脏，心肺两脏的经络起于手的十指，肝、肾和脾三脏的经络起于脚的十趾。风毒的邪气，都是从地上发起的，地的寒暑风湿都发成蒸气。而脚常常踩在大地上，所以风毒侵害人体，必然先侵害双脚。如果脚气长期不痊愈，会遍及四肢、腹背以及头颈。这就是脚气病的形成。

邪毒之气从体内流注入脚。

若是由于情绪异常波动，或感受寒热等外邪，导致气机逆乱，邪毒之气胜于正气，或流注全身大小关节，或下注入膝脚，症状与中风、历节病、偏枯病、痈肿等有相似之处，邪毒之气流注入脚，即可致病。

风寒湿等邪气自外侵袭入脚，则称为气脚。酒醉行房，饱食之后睡在露天的野外，乘风纳凉感受风邪，夜间大量饮酒，浴后不擦干而入睡，房事过后突感风邪，在阴暗潮湿的地方站立过久，在大雨中行走，在寒冷的环境中入睡，过度劳累而大汗淋漓，进食时突然听到悲痛的事，等等，都可能得脚气病。

脚气病都是因邪气胜于正气，导致疾病。

在治疗方面要分清病症的上下先后，若不能诊察清楚而进行错误的治疗，则会导致病情恶化。脚气病先治脚部病症，然后再纠正体内正邪。属于实证的，用攻伐的治法；属于虚证的，则用补益的治法。

一年四季之中，都不要在湿冷的地方久立、久坐，也不要因为酒醉出汗就脱去衣服鞋袜，而当风受凉。如果夏季在潮湿的地方久立久坐，湿热之气会蒸入人的经络，病一发作就会生热，四肢必定酸痛，而且烦闷。如果冬季在湿冷的地方久立久坐，冷湿的地气也会向上侵入经络，病一发作则会四肢酷冷转筋。如果因当风取凉，病一发作就会皮肉麻木，各处肌肉痉挛，并渐渐转向头部。天气暴热时，人们大都不能忍受，但这个时候，一定不要立即到有空调或温度较低的地方取凉，否则就会生病。因为肢体受热时汗毛孔张开，冷风突然袭来，侵入了经络，不知不觉中疾病也就生成了。风毒侵袭人体，要么先侵入手脚十指（趾），如果手脚没有保护适当，出汗时毛孔大开，皮肤开通，冷风就像急驰的箭一般；要么侵入脚心或中脚背或中膝下小腿的内外侧。脚气病发作缓慢，恶化的原因在于人们对脚气病的不了解，久而久之各种病症就出现了。

2.脚气病的症状

地域不同则发病各异，有的感受寒邪致病，有的伤于暑邪，有的表现为腹背疼痛，有的表现为肢节麻木，有的则见胡言乱语，有的精神恍惚，有的喘促气急，有的突然耳目失聪，有的口㖞眼斜，有的手足颤动，有的看到饮食就呕吐或讨厌闻到食物的味道，有的腹痛下痢或大小便不通或发热头痛或身体酷冷，有的烦躁，或脚踝肿，或大小腿顽痹，或时时缓纵不随，或百节挛急，或小腹麻木，这都是脚气病的症状。

产后妇女如果有热闷抽搐、惊悸心烦、呕吐气上这些情况，都是脚气病的症候。另外，如果觉得脐下冷痛，闷满不快，兼有小便淋涩，与平时正常情况大不一样，也是脚气病的症候。

脚气病中，麻木无力的称为缓风，疼痛的称为湿痹。脚气病症状变化多端，没有统一的表现。

邪毒之气，侵犯上焦，可见头目疾病；侵犯中焦，则见心腹之病；侵犯下焦，则见腰脚的病变；侵犯四肢关节，症状各不相同，都属于气脚病，在脚膝以下的才称为脚气。

脉洪而大是感受热邪所致，脉迟而涩是感受寒邪所致，脉滑而微实是虚证的脉象，脉牢而坚是实证的脉象。脉结则为气机逆乱，脉散见于忧虑，脉紧见于恼怒，脉细见于悲愁。

热邪致病则当清热，而寒邪致病则当用熨法；虚证当补，实证当泻；气机逆乱当行，忧虑当宽解，恼怒当喜悦，悲愁当安慰，能了解这些治法，病人才能康复。

脚气病内传于心肝，病情已经极其严重。内传于心则见精神恍惚、呕吐饮食难下、睡眠较差、左手寸口脉忽大忽小忽有忽无。内传于肾可见腰脚肿胀，小便不利，痛苦呻吟不绝于耳，两眼发黑，气逆上冲心胸而喘促气急，左尺部触之无脉。总之脚气病一定要详细诊察。

四、银屑病

1.病因与症状

银屑病是一种慢性炎症性、复发性、增生性、顽固性、遗传性、综合因素性皮肤病，以红斑脱屑、表皮增生过度为主要临床表现。

中医认为系牛皮癣、干癣，多因风邪外侵、情志内伤、饮食失节所致，与脚气真菌有关联。主要从热、瘀、燥予以治疗，内治、外治、针灸为主。

银屑病初期皮损为红色斑丘疹，中后期表面有银白色鳞屑，轻刮去表皮鳞屑，可见一层淡红色发亮的薄膜，刮去膜后，可有出血点，边界清楚。患部以躯干为主，头、脚、四肢为次。皮损侵及指（趾）甲可使甲板变形及点状凹陷、高低不平小白点、失去光泽等。本病有明显的季节性，多数患者夏季减轻，秋冬加重。修脚行业常分寻常型、红皮病型、脓疱型、关节炎型、现代型、综合型六种。主要原因与免疫、内分泌、遗传、病毒、精神创伤、感染有关。

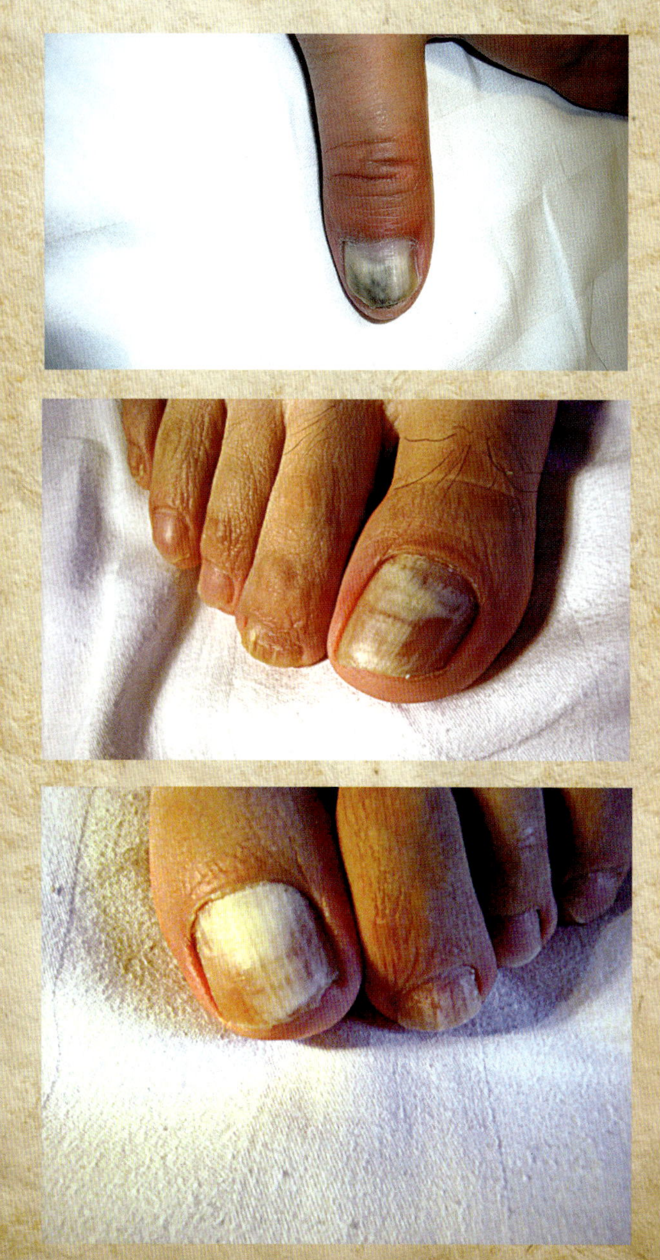

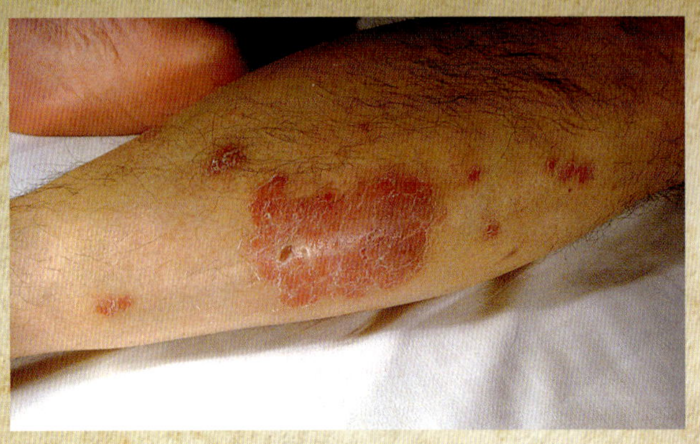

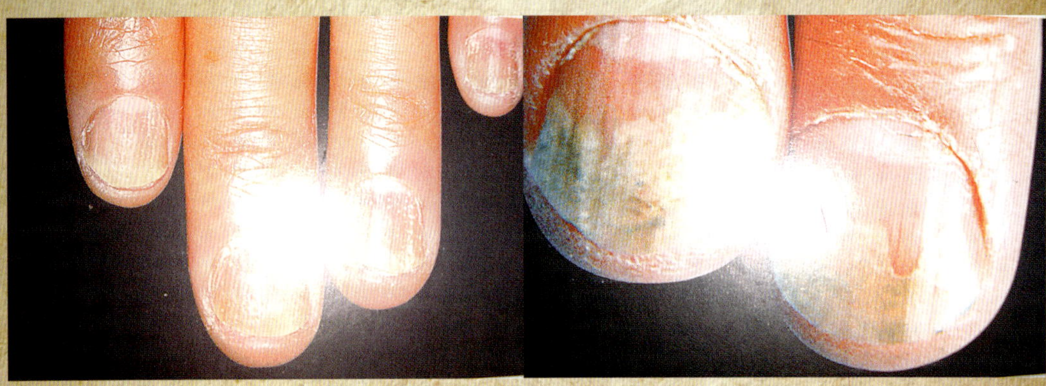

2.治疗

银　屑　汤

防风、生地黄各10克，白鲜皮、白茅根各15克，金银花、丹参各12克，热盛者加黄芩、山栀，夹有湿邪者加茵陈、土茯苓、薏苡仁，血瘀明显者加鸡血藤、红花，头部皮疹严重加蜂房、白芷，下肢为甚加茜草、牛膝。

本方用治风盛血热，症见新生皮疹不断出现，形状多呈点滴状或斑片状，表面覆盖银白色鳞屑，基底有点状出血。

水煎分2次服，每日1剂。

乌 蛇 汤

乌梢蛇、生地黄、川芎、桃仁、蛇床子、白鲜皮、连翘、荆芥穗、防风、浮萍、刺蒺藜各10克，地肤子、红花各6克，丹参15克，久病气虚者加黄芪10克，痒甚者加花椒3克。

五、疣

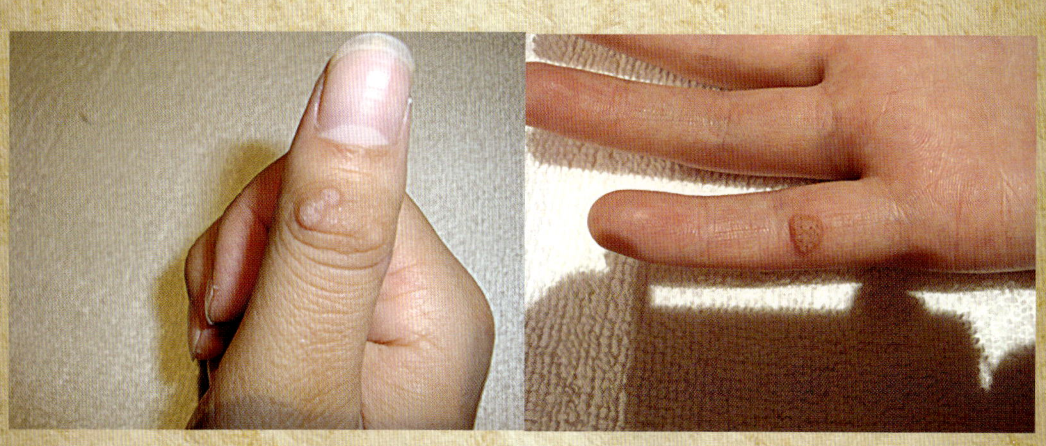

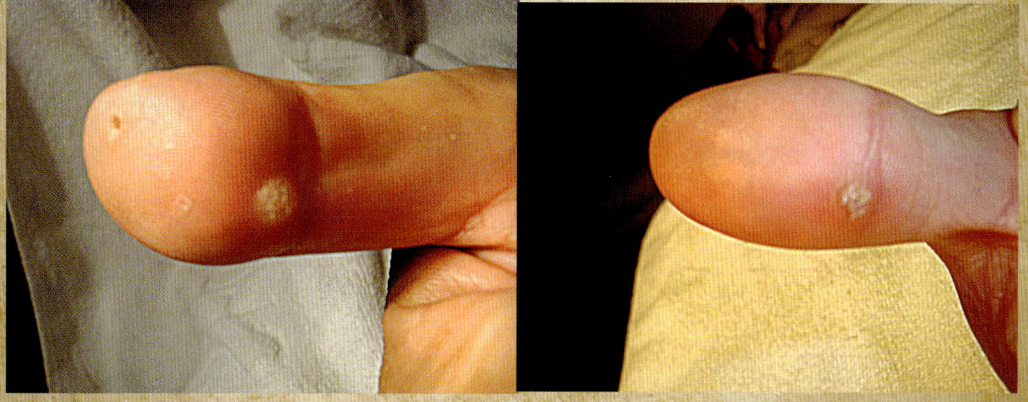

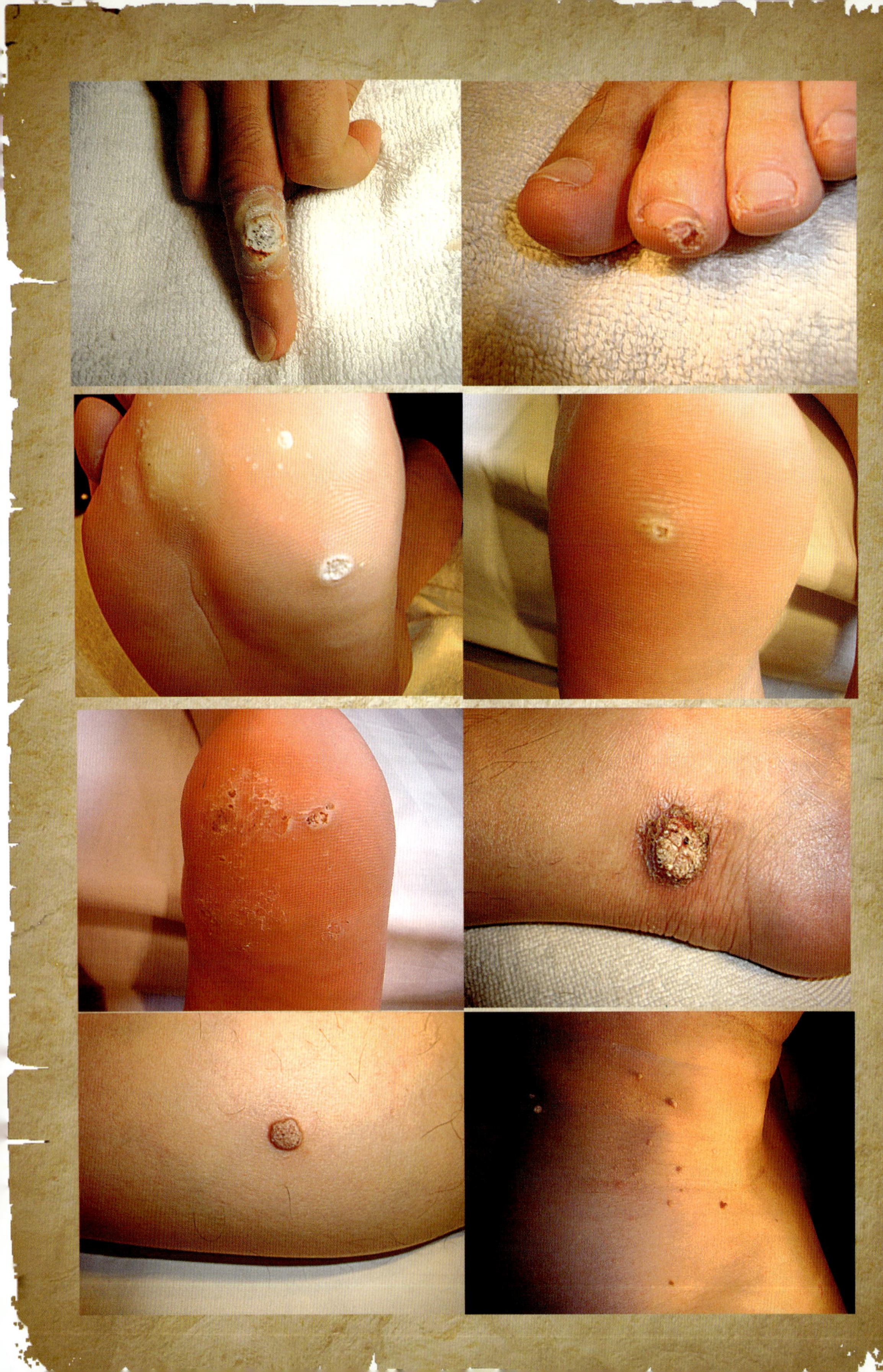

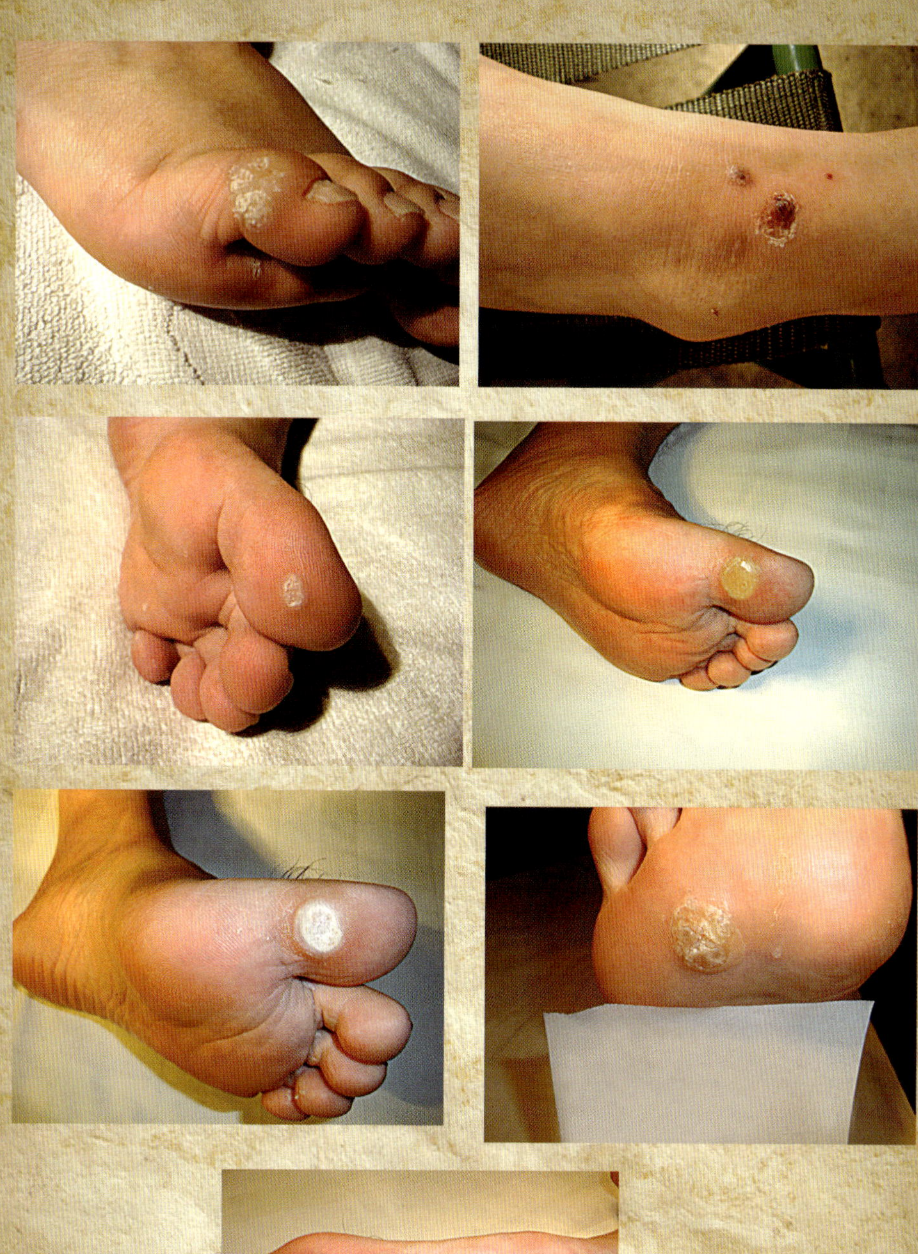

痛剧烈。

5）扁平瘊　又称扁平疣，通常只有绿豆大小，圆形，外观扁平，表面略粗糙，色泽接近于正常皮肤，日久变为褐色。扁平疣常常会逐渐增多，有痒感，可以突然全部脱掉，也有数年不消失者。

6）连宗瘊　指多发瘊子，起初为一个“母瘊”，以后逐渐增多，变成数个或数十个，甚至上百个。有时“母瘊”一旦脱落，其他瘊子往往也随之脱落。

2.治疗

（1）药物外治法　这种方法痛苦小而收效快，简便易行，畏惧手术的患者尤其乐于接受。用孙氏治疣方外敷效果最好。

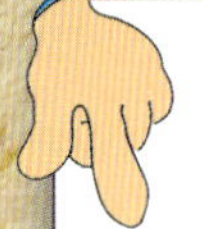

孙氏治疣方

烟丝、白醋各适量，艾条1根。将烟丝蘸白醋后敷在患处表面，用艾条在烟丝上方1厘米处缓慢绕圈灸10分钟，1~3次即可。

（2）药物内服法　最新配制的脱疣绝方，首次发布，脱疣效果和速度能给患者一个满意的答复。

脱疣绝方

土茯苓30克，金银花30克，薏苡仁50克，白鲜皮30克，皂角6克，防风10克，防己10克，木通10克，苦参15克，马齿苋30克，蜂房15克，紫草15克，大青叶30克，甘草6克。水煎服，每天1剂。

此方只要服5剂，多数患者半个月内疣即可全部脱落。

（3）修治法　单发疣体比较丰满，中心突出，“青线”明显者可修治。

修治前，以片刀削去角质厚皮。常规消毒后，用2%普鲁卡因(含肾上腺素)局部浸润麻醉。左手捏紧疣体，右手持刀沿“青线”用挖法进刀，将整个疣体挖出后，刮净底部。但不能割破网状层或将脂肪球当疣体挖除，以免愈合困难和形成瘢痕。也可用刮匙做钝性剥离。修治后拭干创面血迹，以止血海绵压迫止血，敷料加压包扎。2天后，以万应如意膏敷贴，隔天换药1次，直至创口愈合。

（4）推疣法　位于体表、基底小而上部大的瘊子，以一竹片(或医用压舌板)对准疣底部用力推拉，使疣体脱落，用棉球蘸一点三氯化铁或止血消炎粉压迫创口，可迅速止血，不久即愈。

（5）揉疣法　适用于扁平疣和长在暴露部位的寻常疣，对于基底小者最适用。患部消毒后，撒上揉疣粉，一手绷紧患部皮肤，一手拇指按住疣体，用力旋揉，揉到疣底部断裂，除去疣体。如发现遗留残根，先用条刀割净，再撒些揉疣粉处理即可。

揉　疣　粉

樟丹3克，冰片3克，石灰15克，普鲁卡因粉10克。共研细末调匀，贮瓶中备用。

另外，对基底小的疣，可取较结实的丝线(或手术缝合线)缠绕于疣基底圈结扎，每天加一扣系紧，4~5天疣体即干涸而脱落。

六、手足皲裂

1.病因与症状

手足皲裂系指手足皮肤由于各种原因所致的皮肤干燥和线状裂隙的一种皮肤病。本病的发生除与掌跖部特殊的生理结构有关外，直接接触有损皮肤的物质，以及原有的某些皮肤病，如湿疹、手足癣、鱼鳞病、先天性掌跖角化症等均可引起或继发本病。

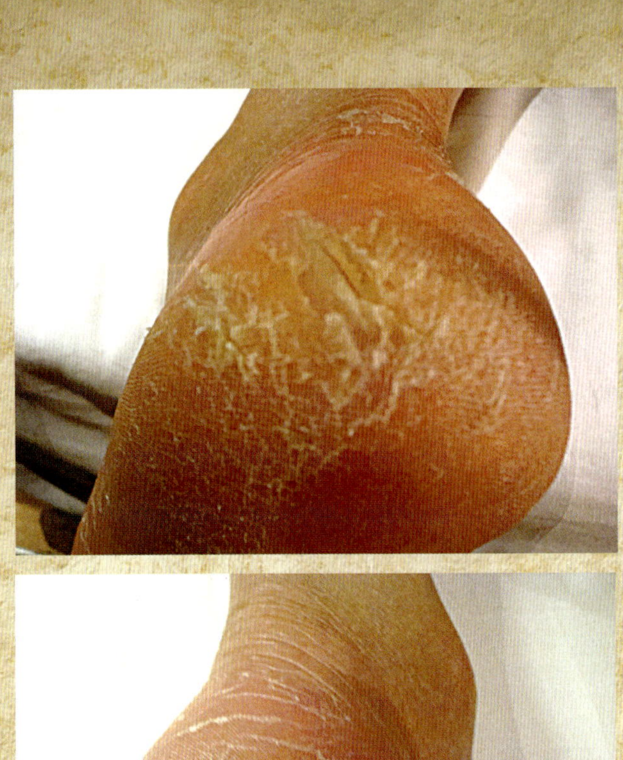

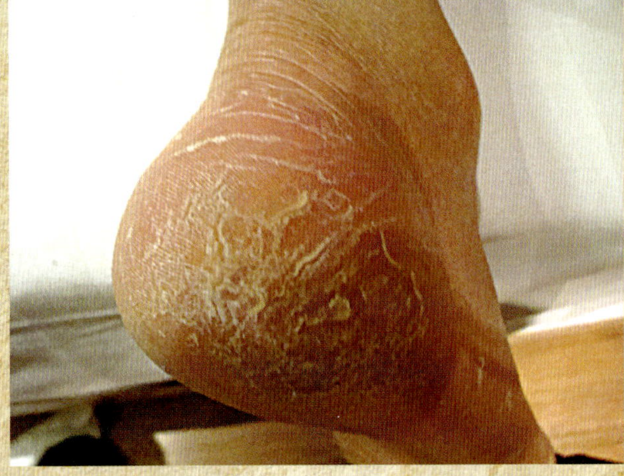

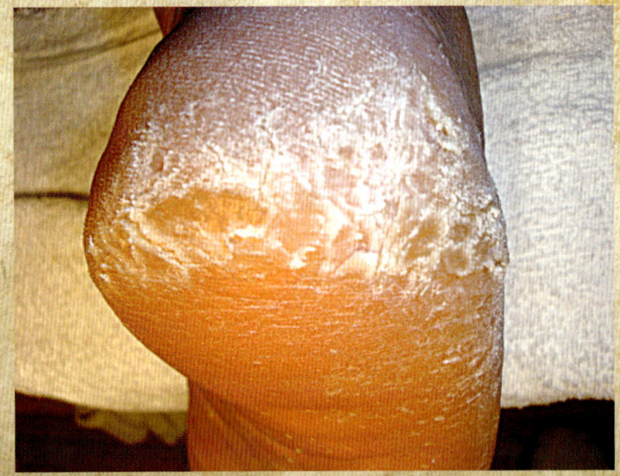

2.治疗

（1）修治法　对于皲裂较深而有明显角质增厚者，应以片刀削去角质，直达基底，出现红色，即接近真皮浅层时，再用片刀修整边缘部分。

（2）药物外治法

1）白甘寄奴皲裂膏　手足皲裂使用白甘寄奴皲裂膏效果明显。

白甘寄奴皲裂膏

白及、甘草、刘寄奴、甘油(要加入一半75%酒精)、凡士林。以上各种原料按2：2：1：20：20比例配方。

主治：手足皲裂，属气虚血瘀者。

制剂方法：将前三味药分别研细末，再过120目筛。凡士林加热熔化，待冷却，再将前三味药和甘油、凡士林混合拌匀装瓶备用。

2）皲裂酒　脱皮、皲裂使用皲裂酒。

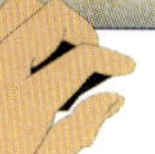

皲　裂　酒

白及、地骨皮、甘草各10克，白酒150毫升。先将各药分别粉碎成粗末，然后装入消毒瓶内，加白酒浸泡7天，滤渣存酒，再加入甘油充分混匀，装瓶备用。

主治：手足脱皮症、皲裂症。

用法：每年入冬前后经常用热水泡手足，洗后擦干，涂上药酒，每天早晚各用1次。

3.注意事项

治疗中注意不要损伤真皮，避免出血和疼痛。

根据实验，离体的角质层浸泡在37~42℃热水里，可吸收水分而增重60%，因此每天应浸泡足部，可以解决足部表皮缺水的现象。另外泡脚后，有利于外用药物的渗入，所以每天用热水泡脚1次，有利于本病的治疗。

要针对引起皮肤角质增厚、皮肤干燥的原因加以治疗，才能使足皲裂得以根治。

七、鸡眼

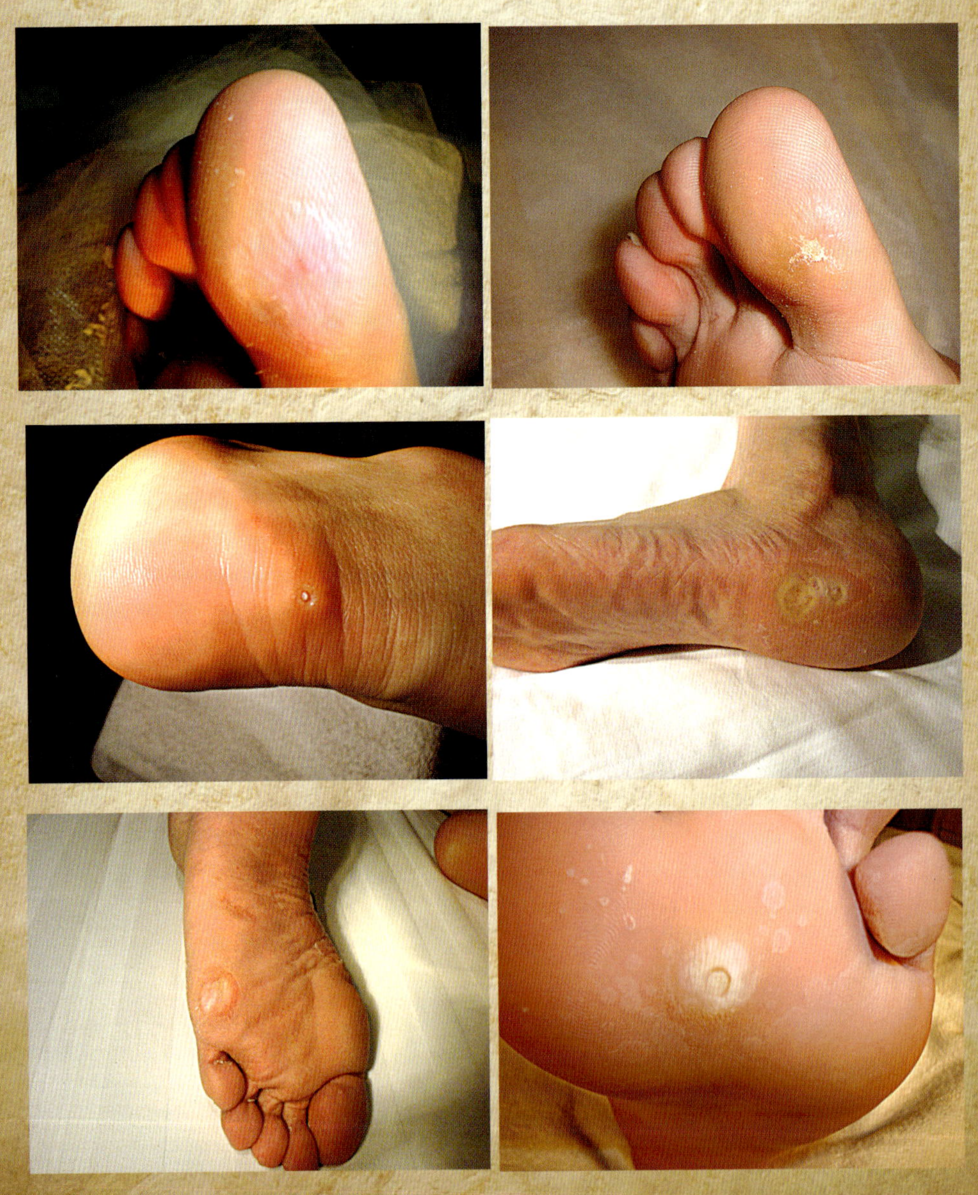

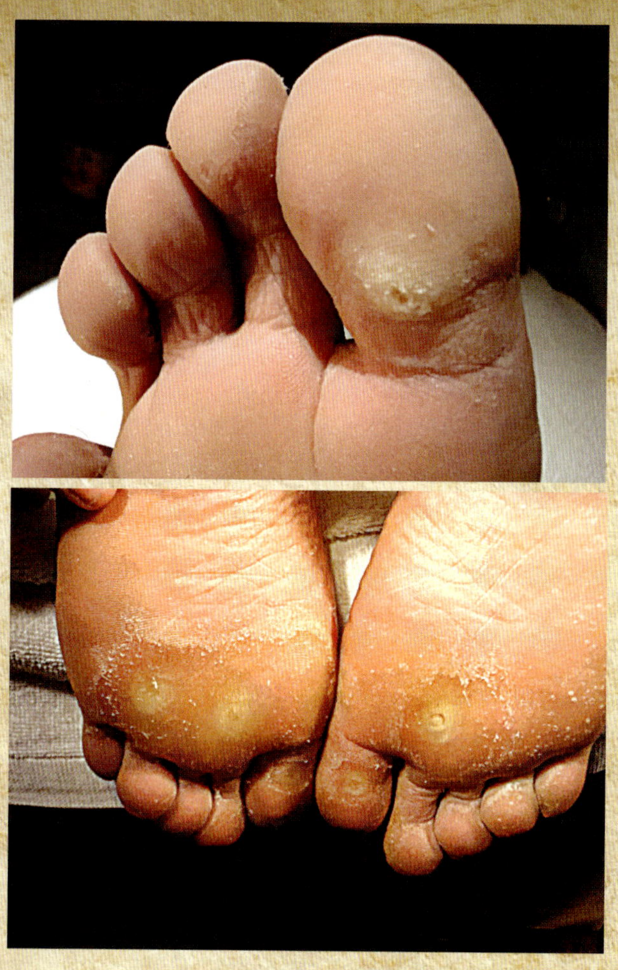

1.病因与症状

鸡眼是长在脚上、顶端向内突起的角质栓。足部受过度摩擦、挤压、外伤、机械性损伤，或肉中入刺，刺出污留，化而为结，使角质增生，均会形成鸡眼。鸡眼的发生可能与神经系统的失调有密切的关系，与职业也有密切的关系，多发于纺织工人、炼钢工人、搬运工人、木工及经常行军的战士。足汗液分泌过少、无汗以及患角质增厚型足癣者也容易患鸡眼。

鸡眼的外观多数扁平而稍隆起，皮纹中断呈模糊的角质斑块，有淡黄、蜡黄、深黄或青黄等色。向内的尖端部分变小，形状有圆锥状、小钉状、肉刺状、豆状、圆柱状、半球状、羊角状、鸡眼状等。从质地上看，有的从上到下皆为角质；有的上部较硬，下部则呈软白色筋状物，有明显触痛；还有的病变部较软(多发生于汗足的趾缝间)。在去除鸡眼的角质块后，常在基底部见到小片的乳白色膜状物，这种膜状物就是鸡眼生长的基础。鸡眼有合并肉刺的情况，从外观看，在皮纹模糊、中断或消失处，有米粒大小的淡黄色的圆点，去除角质栓后，可见到数颗肉刺，此肉刺与真皮乳头层相粘连，触及时非常疼痛。

患鸡眼后，行走时有硬物垫硌感，若穿瘦小或质地坚硬的鞋子，挤压了鸡眼部位，可引起剧疼，甚至在睡眠时，碰到了被褥或床板，也会引起阵阵跳痛，特别是鸡眼合并肉刺者，疼痛尤为剧烈。

鸡眼多发于足掌，有时也发于足跟部、足趾部周围、趾缝及趾甲附近以及甲沟等处。

2.治疗

可先用条刀或片刀，当片至即将出血时停刀，贴上鸡眼膏或相应药物处理。

（1）鸡眼膏　鸡眼膏可自行配制。

鸡　眼　膏

水杨酸160克，斑蝥40克，银珠40克，川楝子肉20克。共研细末，加入适量凡士林调成膏，贮于瓶中备用。

用法：医用胶布剪成1～5厘米宽条，每隔2厘米打一孔，按鸡眼大小打大孔、中孔、小孔(用手动打孔钳)，也可剪一适应鸡眼大小的胶布孔粘在鸡眼上，然后涂上鸡眼膏，再用胶布盖贴即可。3~4天可换药并片修。检查鸡眼的深浅情况，如果鸡眼太深，可先上万应如意膏让凹进去的鸡眼向上长出来，再上药，再贴，再片修，直至底层的乳白色坚韧膜样物挖除干净，没有杂点为止。然后贴上万应如意膏，直到创口痊愈即可。鸡眼如清理不干净，很容易复发。

（2）万应如意膏　治疗鸡眼的外用药物还有万应如意膏。

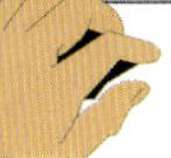

万应如意膏

大黄60克，当归、川芎、苏木、红花、全虫、乳香、没药、马钱子各30克。用一般膏药制法，制好放入瓷瓶，平时用。

用法：用万应如意膏外贴，在走路时足部就不会因刺激基底而引起疼痛。膏药的活血通络作用，可促进局部创口愈合，防止鸡眼复发。

3.注意事项

在修治中一定要严格循着分界线进刀。逐步深入，慢慢将鸡眼全部挖除。挖鸡眼时，当见有乳白色膜样物时，一定要全部挖出，以免残留而引起复发。

观察重叠鸡眼。就是当第一个鸡眼成熟后挖出一个乳白色小圆球，球径大约3毫米大时，应注意下面可能有根，要继续上鸡眼膏腐蚀，3天后再认真检查。

当鸡眼太深不容易再下刀时，可以停止上鸡眼膏，而上万应如意膏使其迅速长平，再上鸡眼膏，如此循环修治。

如修治中损伤了正常组织而引起出血，可用止血消炎粉止血，再用消炎膏包扎。

鸡眼挖除后，可用万应如意膏连续贴敷，2天换药1次，直至痊愈。如果发现感染，可以用如意金黄散加万应如意膏贴盖。鸡眼除掉后，仍可用万应如意膏盖贴2次。

用法：微热微肿及疮已成者，可用葱汤同蜂蜜调敷，或直接用药粉敷上即可。

止血消炎粉

三七30克，血余炭20克，穿山甲20克，生半夏10克，侧柏叶炭10克。上药研细粉，装瓶备用。

如意金黄散

天花粉500克，黄柏250克，大黄250克，白芷250克，厚朴100克，陈皮100克，甘草100克，苍术100克，天南星100克，姜黄250克。晒干研细末备用。

八、脚垫（茧子）

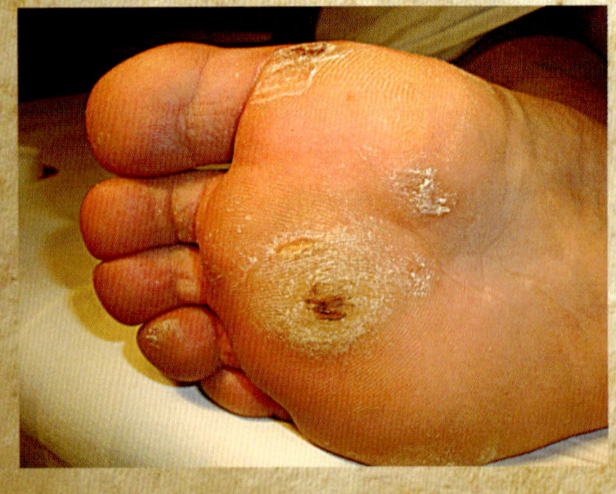

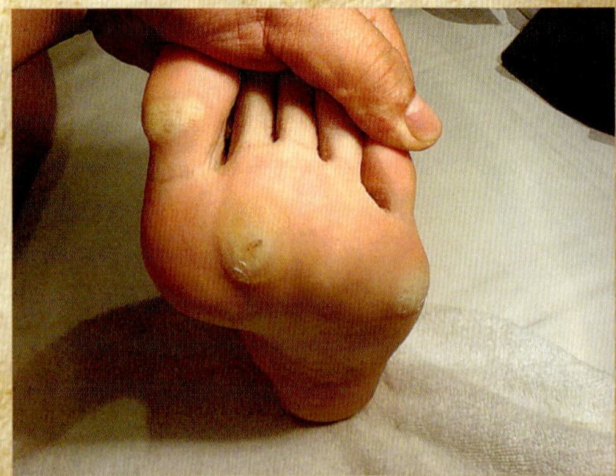

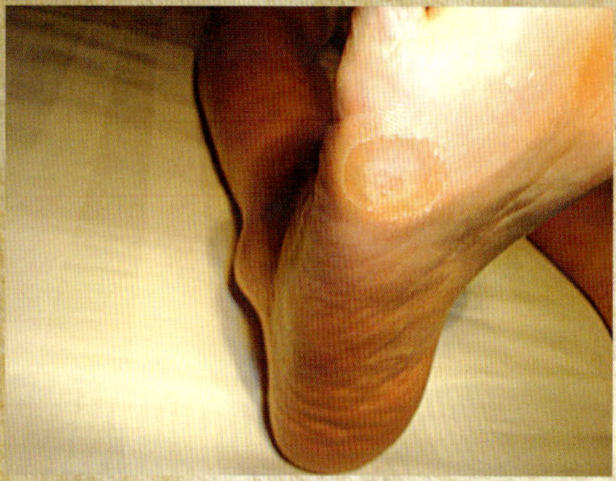

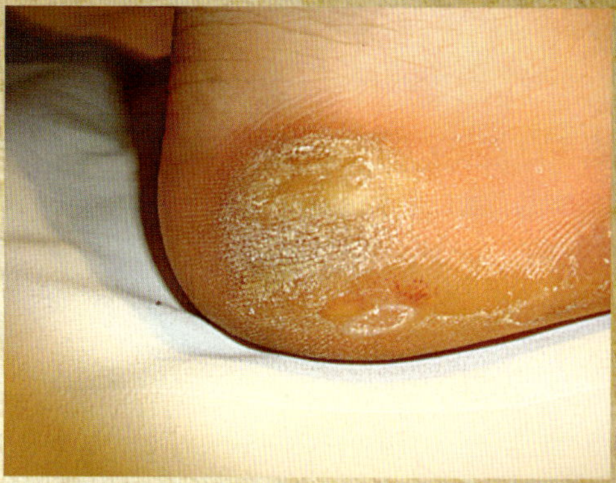

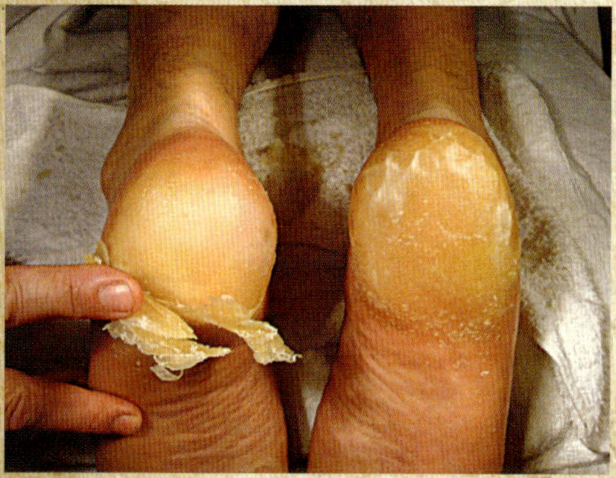

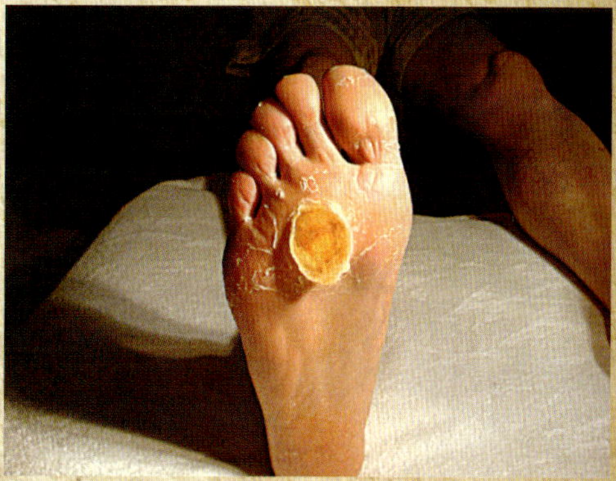

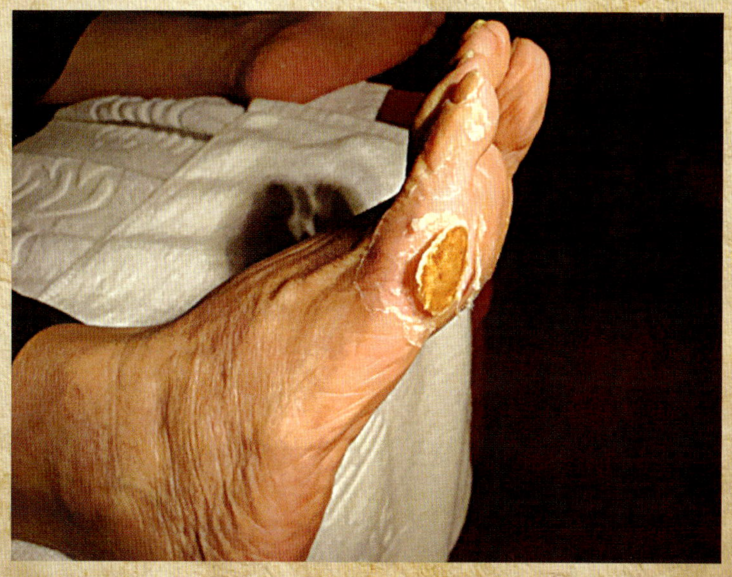

1.病因与症状

角质斑块状，中央厚而边缘薄，一般为淡黄色，无皮纹中断或皮纹消失的现象。其底部有平整或凸凹不平等各种形状，但没有向内嵌入的锥状角质栓。由于脚垫一般不压迫真皮乳头层的末梢神经，因此常常不会引起疼痛，仅有异物感，但日久者也会引起疼痛。

病因是过度机械性损伤，局部过度摩擦、挤压、垫硌造成供血不足，气血运行不畅，皮肤失养而致。尤其足趾或足部畸形的突出部位，发病最多。

脚垫的发生与职业、年龄等有密切关系，从事久立、久行工作的人多发，以老年人多见。在某种情况下，化学物质及高热的刺激也可以引起脚垫的发生。

脚垫按发生的部位，通常分为趾垫、足底垫和踝垫。

（1）趾垫　长在足趾部，分为软、硬两种。一般汗足的趾垫白而软，干足的趾垫青而硬。长在足趾前端的俗称“顶趾”，以二趾和四趾上多见，多因鞋子顶压而形成；长在足趾关节上的趾垫俗称“盖趾”，以二、三、四趾多见，多因鞋背摩擦挤压而成；对称地长在两趾关节侧面上的趾垫俗称“对趾”，以三、四趾及四、五趾间多见；长在两足趾趾缝间、状如马鞍的趾垫俗称“骑马趾”，多发于四、五趾间；长在趾腹或其他趾腹下面的趾垫俗称“压趾”；长在趾内侧或小趾外侧的趾垫俗称“偏趾”，长在趾内侧的称为“大偏趾”，长在小趾外侧的称为“小偏趾”。

（2）足底垫　分为普通垫、全足底垫、足跟垫、足跟边缘垫、条状垫、铁皮垫、蒜皮垫、肉条垫、夹层垫、球底垫、垫黄、垫核、垫炎和隔血。

1）普通垫　长在足底各部位，一般为椭圆形的脚垫。初期面积较小，患部并不突出，表面颜色淡黄，有板滞感。中期一般1~2年，患部表皮突出，局部有麻木感，走路时患部硌得疼痛。患期较久的，面积会逐渐增大，颜色越来越深，发光发亮，十分坚硬，常有疼痛的感觉。

2）全足底垫　全部足底都是脚垫，须经多年才能生成。常见于农民或渔民，与经常行走有关。全足底垫患者常常感到足底板滞而疼痛。

3）足跟垫　长在足跟部的脚垫称为足跟垫。大的可占据整个足跟，厚者可达3～4毫米，一般突出表皮不高，干足呈黄色，汗足呈白色，患部常感麻木，甚至失去感觉。

4）足跟边缘垫　长在足跟边缘的脚垫，成条状包围着足跟，有的长在内缘，有的长在外缘，这种垫比普通垫厚，高出皮肤表面3～4毫米。干足呈黄色，汗足呈微白色，平时板滞而麻木，穿小鞋时有刺痛感。

5）条状垫　长在足掌两侧或中间的脚垫，呈长条状，窄小而深，多由鞋子狭窄挤压而成。初期有麻木感，过些时候就高出皮肤表面，走路时硌得痛。

6）铁皮垫　脚垫十分薄而坚硬，敲击有响声，多长在足掌部，发黄发亮，行走时非常疼痛。

7）蒜皮垫　很薄、很坚硬，但四周边缘翘起，痛感重，不敢着地。

8）肉条垫　有的脚垫中夹有各式各样的“肉条”，“肉条”有时能组合得如花朵一样，这种垫疼痛很重，而且极难痊愈。

9）夹层垫　表面黄色，片去表层后，里面是很软的黄色或白色黏软物，疼或麻木，大部分长在足掌或足跟。

10）球底垫　边缘薄而中部很厚，底部呈球形，坚硬呈黄色，多长在足掌，老人和妇女较多，走路硌得痛。

11）垫黄　常长在足掌或足跟，内有黄色粉末或白丝。

12）垫核　是由普通垫发展变化而形成，颜色深，硬度大，形似杏核，大小不等。

13）垫炎　是脚垫下组织红肿溃烂的一种足病，多发于足着力的部位。

14）隔血　一般发生在足掌或足跟部，形同血疱，局部疼痛，皮肤青紫，严重时深部化脓，非常疼痛。

（3）踝垫　长在踝部的脚垫，有内踝垫和外踝垫两种。这种垫都比较薄而坚硬，由穿高筒靴或高腰皮鞋摩擦而引起。

2.治疗

（1）修治法

1）扬州孙氏修垫　对脚垫与鸡眼混生的复杂脚病，推荐孙洪宝的扬州修治刀法。

2）一般修垫法

a.趾垫用温开水泡软，用条刀或钎刀划口后，用起法和撕法除掉。持足，充分暴露患部，分别采用正手法或反手法。一般修治2～3次，多则4～5次即可痊愈。愈后外贴万应如意膏包扎或胶布包扎，可防止复发。

b.足底垫用温开水泡软后，用片法、起法和撕法来治疗。表面部分修净后，用拇指触摸，断定有无厚薄不匀之处，厚薄不匀即没修彻底。从颜色上区分，凡呈红色或白里透红或淡黄透红，都说明已达基底。如果混有青色或色泽深浅不一，则须继续修到底部。

c.全足底垫修治起来很费力，以手托足，手腕往往累得发酸，不可操刀过累，以防手颤。持刀要灵巧，片削速度要快。也可用片刀从边缘片起，用刀扒，扒下的是一个完整的垫。

d.铁皮垫和蒜皮垫这两种垫十分薄而又十分坚硬，用力时刀子很容易超过“青线”，导致出血；若不用力，又割不动。所以必须将病变处用热水泡软、泡透后，用片刀轻巧用力片掉。如需同时修治两足，在治一足时，将另一只足用热毛巾包裹，以免水分蒸发使角质变硬。

e.肉条垫在治疗时，先用片刀去掉上层角质，见到肉条和白膜时即停止。再用钎刀挖出肉条中的白膜和角质，不可伤及肉条，以免引起疼痛和出血。

f.垫炎和隔血先将角质片净后，局部常规消毒。三棱针烧红后刺入患部，放出脓血，以万应如意膏外贴，3天换药1次，直至痊愈。

g.踝垫用热水泡透后，多用片法和撕法除去。片时不能单从一面片，要考虑到踝骨部位呈圆形凸出的特点，围绕着踝骨的曲度，转着弯片。撕时也要转着弯找顺茬撕。

（2）药物外治法　用药物腐蚀治疗面积较小的脚垫效果很好。最理想的药物推荐使用孙氏脚垫膏，也可用樟丹膏。方法是：将脚垫周围用胶布保护好，露出患部，用棉花搓成条围在脚垫四周，将孙氏脚垫膏或樟丹膏涂于圈内，用胶布固定，7天后将药取下，将足放于热水中浸泡，脚垫周围翘起，用手顺皮肤纹理撕下。如脚垫没有翘起者，可连续用药。脚垫除掉后，用万应如意膏贴盖，能避免复发。

孙氏脚垫膏

水杨酸50%，鸦胆子20%，土槿皮10%，白芷8%，花椒12%，食用油调制成膏。脚垫修治到位后，涂膏包扎，7天后即愈。

樟　丹　膏

樟丹6克，水杨酸250克，苯甲酸4克，共研细末。以羊毛脂18克、凡士林50克调成膏，贮于瓶中。

3.注意事项

在切开角质层边缘部分时，要以微倾稍斜的方向进刀，避免损伤真皮而引起出血和疼痛。

严格按照“青线”进刀，不可伤及正常组织。脚垫下面有鸡眼或疣者，应一一挖除。

对较浅、较小、较软的脚垫，应尽量采用撕法，顺着皮肤的纹理撕，这样处理脚垫不易复发。

九、掌跖角化病

1.病因与症状

掌跖角化病一般有遗传性，有的患者自婴儿期就发病。

更年期闭经妇女的脚跟部角化，与内分泌紊乱有关。症状性见于湿疹、牛皮癣、毛发红糠疹、毛囊角化病及汗孔角化病等。

病变呈对称分布，皮肤先发红，而后角质层逐渐加厚、变硬，外表光滑、干燥，呈淡黄色，边缘清晰。

2.治疗

（1）修治法　一般与治脚垫方法相同，但因范围较大，在用片刀片时，应由上到下、从左到右循“青线”进行修治。去掉角质块后，看到乳白色坚韧白膜，应仔细用片刀削去，直达基底层，见到淡红色皮纹组织时应立即停刀。便捷的修治方法是，用片刀从边缘起，用刀扒。修治后，可贴上市售肤疾宁贴膏，4~5天换药1次。

（2）药物外治法　局部治疗常用10%水杨酸软膏或30%尿素溶液浸泡过度角化的掌跖，可以减缓角质增生。更年期发生的掌跖角化病可外用0.5%求偶素软膏。对皲裂较深者，先片平裂口周围角质硬皮，用万应如意膏外贴，可以加速皲裂的愈合和防止感染。

（3）药物内服法　可用减缓角质增生内服药。

减缓角质增生内服药

熟地黄24克，当归、威灵仙各15克，赤芍、川芎、桃仁、红花、三棱、莪术、鳖甲、穿山甲、荆芥、防风各10克。

用法：按药物配方煎成浓汁，每天服1剂。久服有减缓角质生长的作用。

3.注意事项

可先让患者仰面躺平，两腿伸直，两足竖起，将掌跖角化中间部分片掉。再让患者左侧卧，足跟向上，片去右跟部分。不断交换体位，直至将掌跖角化全部片平。沿“青线”进刀后，可用左手拇指、食指捏住切开部分，先稍作牵拉，再按“青线”进刀，直至整块修出。

角质干裂后，裂隙很大，很容易感染。片修后贴上万应如意膏，可预防炎症的发生。

十、瘢痕增生

1.病因与症状

足部瘢痕增生多由修脚不当、外伤、烫伤、烧伤引起，常见于足跖、足跟等处。瘢痕组织非常坚硬，高低不平。患者在行走、劳动中，又反复摩擦与挤压患处，使表面角质增生更为严重，在行走或被硬物垫硌时，引起剧烈疼痛，常见患者跛足行走。

2.治疗

（1）修治法　足部增生的瘢痕中往往有角质层覆盖，先用片刀片去角质层，露出高低不平的瘢痕组织。注意不要伤及真皮，以免引起出血和疼痛。再改用条刀从瘢痕中间顺着方向挑开，敷上万应如意膏加五倍子粉。经过几次片挑，即可减轻痛苦，逐渐痊愈。

（2）药物注射法　瘢痕经过常规消毒后，取醋酸确炎舒松-A注射液0.5毫升加入2%普鲁卡因2毫升，注入显露的瘢痕组织下面，每周注射1~2次，一般5次左右瘢痕即可软化。

3.注意事项

在进行注射时，由于足底疼痛感强烈，要让患者尽量放松，一般抽出针后，疼痛会立即消失。注射针头必须达到瘢痕的下面，不可过浅，也不可过深。

去除瘢痕表面的角质层时，不要牵拉，否则会引起剧痛。

十一、嵌甲

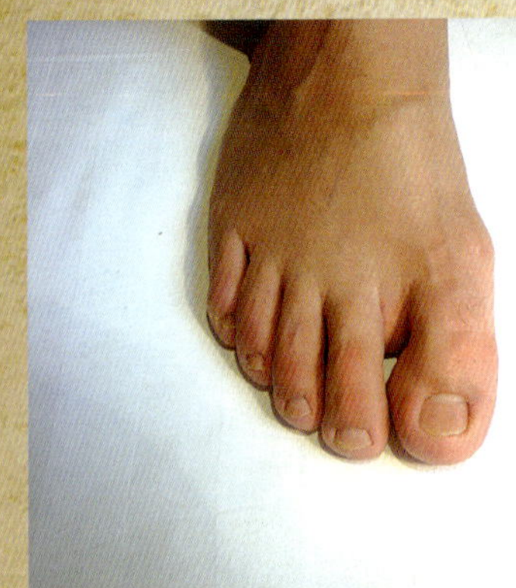
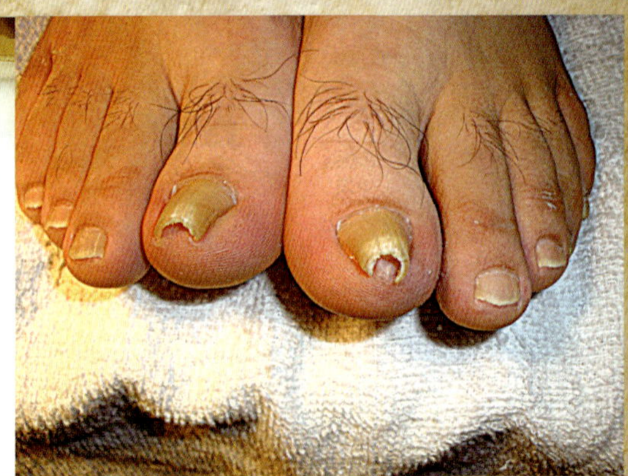
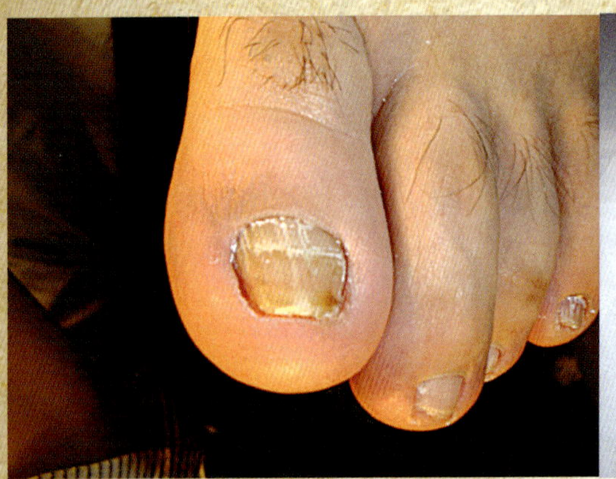
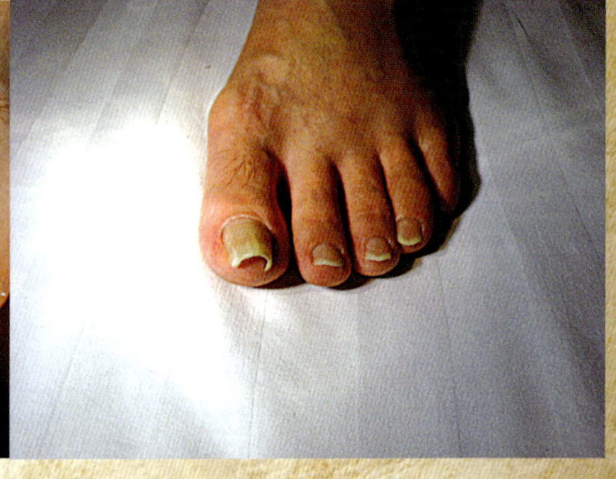
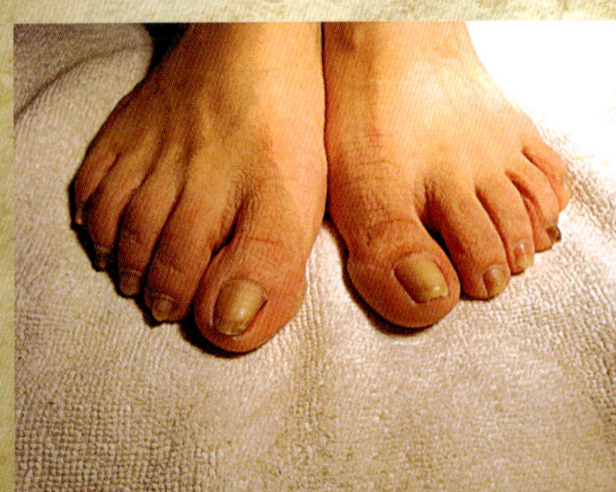
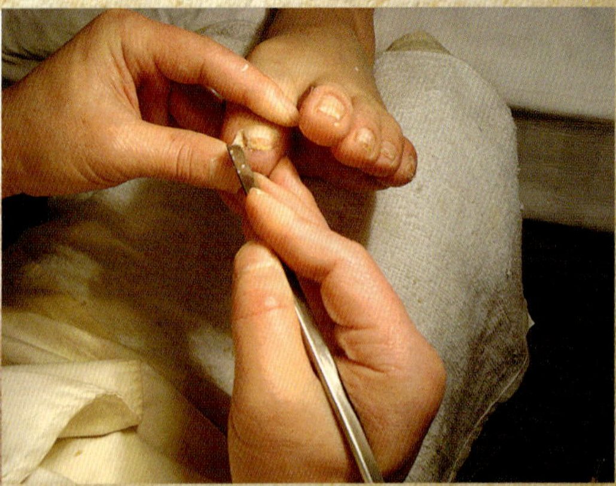

1.病因与症状

嵌甲是甲板的侧缘长入附近的软组织内，如异物插入甲沟而引起疼痛的一种甲病。

穿窄小的鞋，挤、压、撞、碰等机械性损伤，某些疾病而引起畸形趾甲，趾甲剪得过短过深，都会形成嵌甲。嵌甲症与职业也有一定关系，多见于建筑工人和服务行业人员。

嵌甲又称“潜趾”，分为硬潜趾和软潜趾。硬潜趾趾甲坚硬，趾甲侧缘插入甲旁软组织内，以跗趾嵌甲多见，其中又以趾内侧嵌入者更为多见，也有两侧同时嵌入。嵌入的趾甲有的垂直扎，有的抠着扎，有的趾甲末梢或甲根部往软组织内扎。软潜趾是由于甲板两边边缘遭受长时间过度摩擦或挤压，在甲沟内形成一种茧子，有时也杂有鸡眼，触及时引起剧烈疼痛。

嵌甲患者在行走或趾甲被挤压时，疼痛加剧，严重者坐卧不宁，睡觉时也会因被子覆盖触碰病甲而疼痛。另外，嵌甲极易引起反复感染，使甲沟红肿，甚至化脓而形成甲沟炎。

2.治疗

修治嵌甲需要精细高超的手法，修脚师必须思想高度集中，否则任何轻微的损伤都可引起出血和疼痛。

（1）硬潜趾　以锛刀去薄趾甲后，再以修刀横断趾甲的游离缘，然后用修刀将趾甲嵌入部分进行纵劈，再以钎刀或修刀沿“青线”转拨挖出残甲。残甲一定要挖净，否则残留的余渣会引起继续感染和疼痛。另外将嵌入部分挖净后，涂上2%~5%碘酊，甲沟内塞入凡士林纱布条或干药棉，使甲与附近组织隔开，以免因摩擦而引起疼痛。之后趾甲逐渐生长，直至甲缘长到皮肤皱褶之外即可。

（2）软潜趾　修治时先将两侧甲板劈掉，再以钎刀将甲沟里白色坚韧膜状茧子及鸡眼挖掉。用拇指、食指按捏一下患趾，如果仍疼，继续修治，一直到按压无痛时为止。

较轻的嵌甲可以一次治愈，一般的嵌甲需每月修治1次，连续修治3~4次可治愈。因甲畸形而引起的嵌甲，根治较难，需要更长时间。

3.注意事项

劈甲时，全凭手指与刀子的感觉，劈到甲根部时，要将刀向前旋转拱一下即可拨出残甲。

并发甲癣者，要彻底治愈甲癣，否则极易复发。

十二、甲沟炎

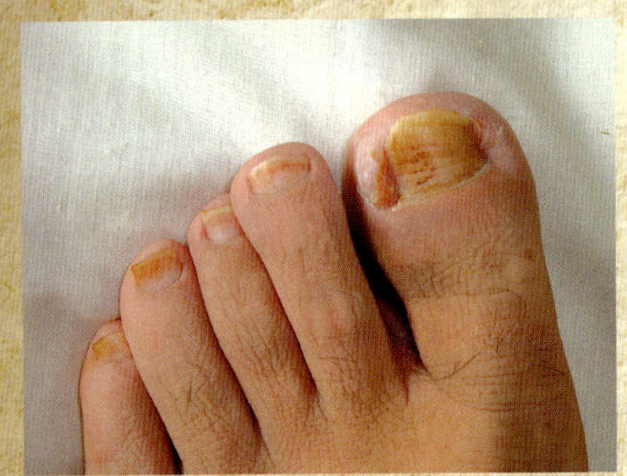

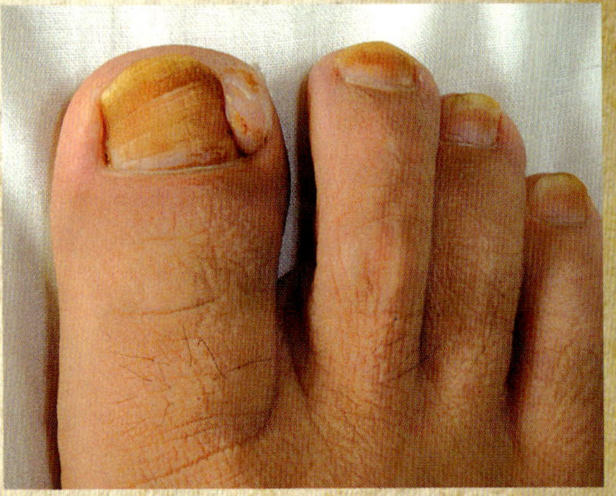

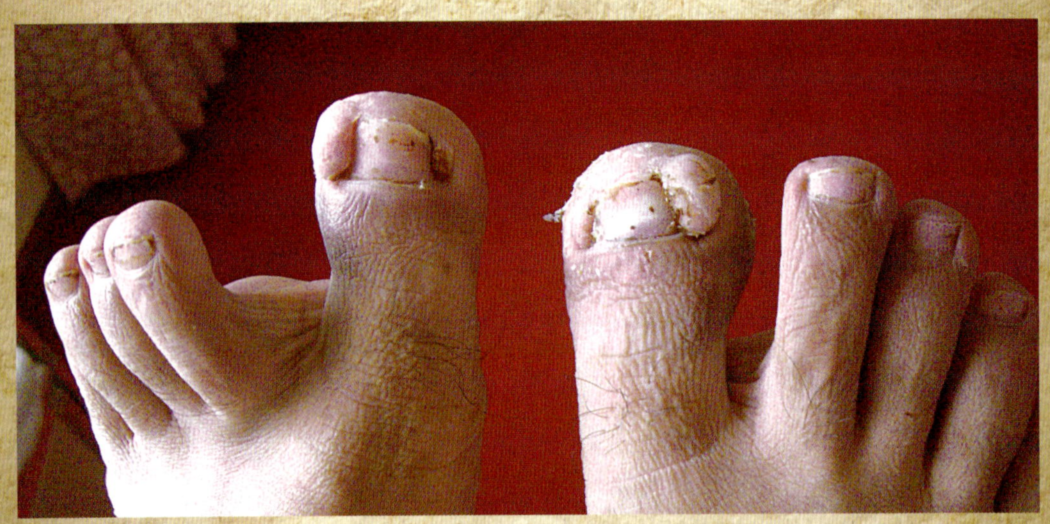

1.病因与症状

趾甲一侧或两侧的甲沟及其周围组织的化脓性感染，称甲沟炎。多因刺伤、逆剥(修趾甲时在甲沟旁剪起的肉刺)等引起，更多的则因嵌甲症所致(嵌入的趾甲边缘刺激甲沟的软组织继发感染)。多发生于趾的内侧缘。

初期时，趾甲一侧有轻微的疼痛，局部红肿并有压痛。后逐渐蔓延至甲根部和对侧甲沟，甚至整个甲板下，形成趾甲周围炎或甲下脓肿，也可伴有甲沟肉芽组织增生，有明显的疼痛和压痛，甚至不能行走。

2.治疗

1）嵌甲　手术治疗，切除嵌入肉内指甲部分，如发炎，上消炎膏即可。

2）药物外治法　膏药贴敷有神奇的功效。一般非嵌甲症引起的甲沟炎，穿鞋疼痛，行走时如刀割样疼痛。不论有无化脓，皆可以万应如意膏或华佗嵌甲累效方外贴，有脓即溃，无脓即消。甲沟感染后常常在甲旁长出一绿豆或黄豆大的肉芽组织，称为胬肉。修除扎在肉里的指甲，用万应如意膏抹敷胬肉周围。把胬肉部位暴露出来，用胬肉消盖于增生的肉芽组织上。纱布包扎即可，三天换药1次。胬肉消失后，如有脓，上拔脓生肌散；胬肉未消，上平胬粉，一般换药3次左右胬肉即可消失而愈。

华佗嵌甲累效方

硇砂、乳香各3克，轻粉1.5克，橄榄核（烧存性）9克，黄丹1克。上药为末，以生麻油同调，先以盐汤洗净擦干，敷之面上，应有效。

3）火针法　甲沟炎如果已出脓，出现跳痛，可以用中医传统的火针取脓。这种方法不需要麻醉，毫无痛苦，不必引流，刺口愈合较慢，有利于脓液的排出。方法是取一根三棱针，用酒精灯烧红，从甲旁刺入，排脓后修除扎在肉里的指甲，以膏药包扎。

平 胬 粉

乌梅肉(煅性)5克，轻粉1.5克，冰片1克，硼砂5克。诸药研粉，撒疮口上，外盖膏药，有腐蚀平胬之效，适合胬肉高出者。

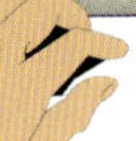

黄芪酊方

黄芪60克，闾茹90克。二味切片，以醋浸一夜，以猪脂150克，微火上煎至60克，去渣放凉即成膏，用时取适量涂甲上，每天2~3次。

4）修治法　修治对嵌甲症引起的甲沟炎有特殊的功效。先按前述修治嵌甲的方法将嵌入的趾甲挖除，疼痛可迅速消失，再以万应如意膏包扎，隔日换药1次，直至痊愈。

十三、甲下血肿

1.病因与症状

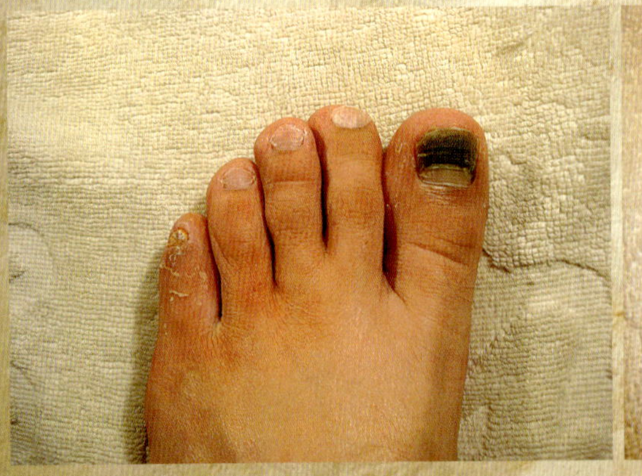

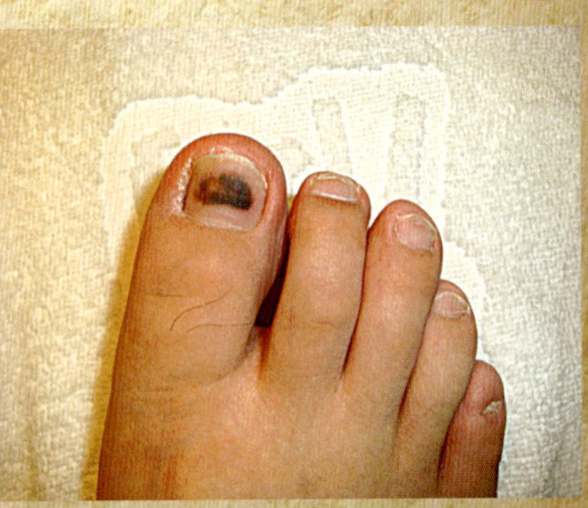

趾甲甲板受到外力的挤压或撞击后，甲板下呈紫红色，并伴剧烈疼痛，称为甲下血肿。血肿初起为鲜红色，以后逐渐变成暗紫色、黑色。外伤出血过多而成血疱，趾甲受压迫会引起剧烈的胀痛，甲板会脱离甲床。如果甲下血肿不及时处理，甲板脱落不说，还会继发感染而成为甲下脓肿，出现阵发性跳痛。

甲下血肿多发于趾，男性多于女性，建筑工人、机械工人等发病率较高。

2.治疗

血肿初期，可将患趾甲板及整个趾部皮肤进行常规消毒，用条刀在甲板上做三角切口，轻轻上挑，即可见淤积的血液从切口处流出，如已化脓可见脓液流出。用棉球擦净，然后以蘸有0.1%新洁尔灭纱布条敷于切口处引流，涂以万应如意膏，用纱布包扎，隔日换药1次，直至痊愈。

血肿时间较长的，甲板已变为暗紫或紫黑色，可直接用万应如意膏外贴，能促使甲下血肿尽早消散。

3.注意事项

在甲板上做三角切口时，切勿损伤甲床，以免引起出血。

瘀血或脓液排尽后，将患趾以薄薄一层纱布缠裹，用活血化瘀、清热解毒的中草药活血败毒汤浸泡30分钟左右，每天1次，一般4~5天即可痊愈。

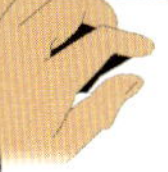

活血败毒汤

大黄15克，乳香10克，没药10克，金银花15克，连翘15克，蒲公英10克，当归10克，赤芍10克。水煎。

十四、畸形趾甲

1.病因与症状

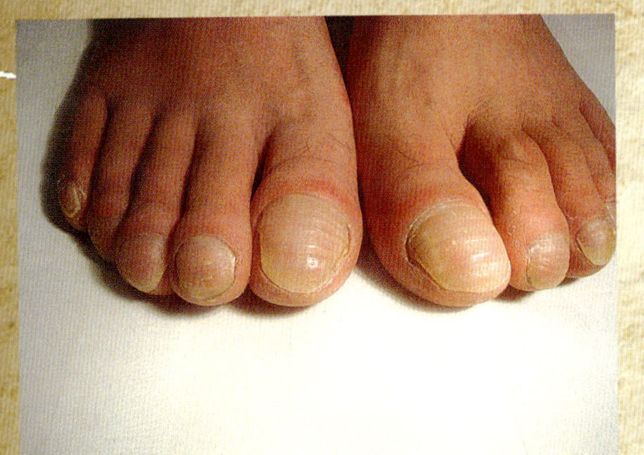

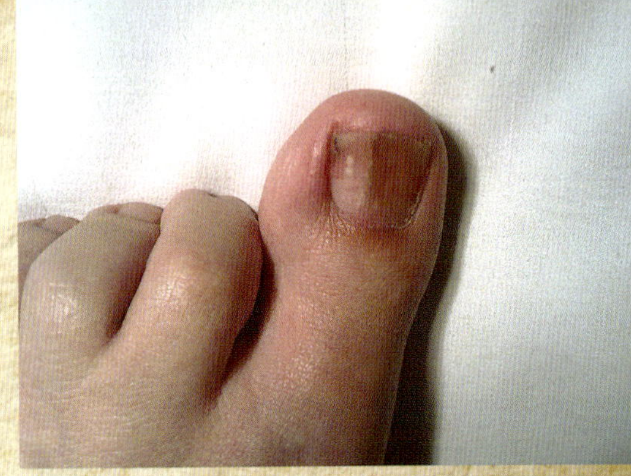

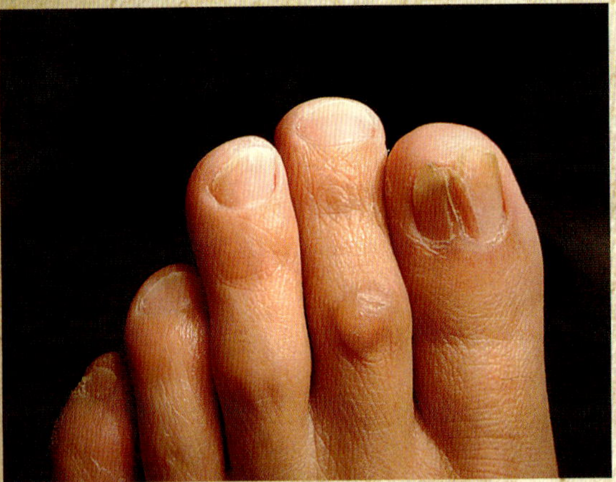

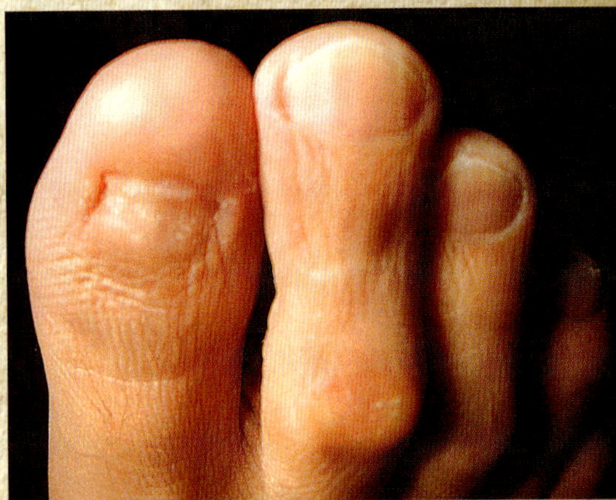

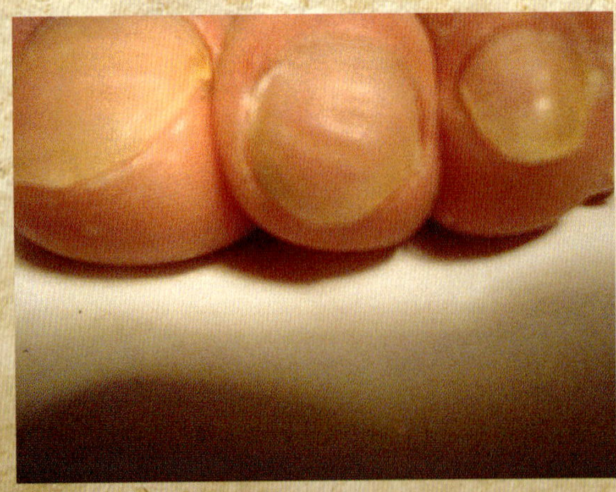

畸形趾甲的甲板有肥厚性、萎缩性变化，还有甲床和甲板质地改变。畸形趾甲往往与穿窄小的鞋、挤压、外伤等有关，但也可由某些全身或局部疾病所引起。

（1）无甲　趾甲完全缺损。先天性外胚叶发育不良症、鱼鳞病以及甲、髌、肘发育不良综合征等皆可引起，也可由局部严重的化脓性感染、坏疽、剥脱性皮炎等疾病引起。

（2）脱甲　趾甲周期性脱落。由趾甲的远端开始逐渐发展到基部，直至全甲脱落，以后再有新甲长出，如此周而复始。患者没有自觉症状。脱甲可见于对青霉素有过敏反应者、掌跖点状角化病患者。

（3）甲分离　甲板与甲床分离，但甲板并不脱落。多见于女性。甲状腺功能亢进或减退、妇女妊娠、某些皮肤病等均会引起。

（4）甲萎缩　甲板薄而小。先天性外胚叶发育不良症、某些皮肤病和血管疾病等均会引起。

（5）平甲　甲薄而宽，表面十分平坦。因先天性或血液循环不良而引起。

（6）反甲　甲板中央凹陷，两侧高起。先天性、外界刺激、冠状动脉疾患、缺铁性贫血、黑棘皮病、真性红细胞增多症均会引起。

（7）软甲　又叫“水趾甲”。趾甲缺陷，使甲板变薄而松软，易弯曲。营养不良、全身虚弱、肢端动脉痉挛症、黏液性水肿等均会引起。

（8）厚甲　一般叫“铁趾甲”。甲板变得很厚。某些皮肤病、先天性外胚叶发育不良症以及砸、压、挤等外伤均会引起。前尖后宽，尖端末梢下垂，又硬又厚者，叫做“鹰嘴趾甲”；趾甲盘旋，如海螺外壳向上卷曲生长者，叫做“海螺趾甲”；质地坚硬如骨，如弯曲的牛角，叫做“牛角趾甲”；周围薄，中间厚，头大底小，形似猴头的，叫做“猴头趾甲”。

（9）甲肥　大甲板肥厚宽大。遗传、毛囊角化病、肢端肥大症、牛皮癣、外伤和毛发红糠疹等均会引起。

（10）巩甲　甲板肥厚浑浊，表面粗糙不平，游离缘碎裂。牛皮癣、先天性外胚叶发育不良症等均会引起。

（11）脆甲　甲质变脆，很容易破裂。维生素缺乏、周围血液循环不良、甲状腺功能减退、真菌感染等均会引起。

（12）甲中线　营养不良，甲板正中出现纵形裂隙。多为外伤所致。

（13）甲下角质增生　甲床组织肥厚，有角化物质积聚，呈污灰色，多位于甲的游离缘下，致甲板与甲床分离。牛皮癣、真菌感染、毛发红糠疹等均会引起。

（14）叶状甲　剥离甲板分成上下两层，上层可局部或全部脱落。目前病因不明，由外伤引起的可能性大。

（15）甲点状凹陷　甲板表面出现许多针头大小点状凹陷。牛皮癣、扁平苔癣、毛发红糠疹等均会引起。

（16）甲沟纹　甲板表面出现多少不等的条状沟纹，纵行或横行。甲根生长暂时受到抑制，外伤、甲周皮肤病及多种全身性疾病均会引起。

（17）甲隆嵴　甲板表面出现多少不等的条状隆起，纵行或横行，俗称“瓦形趾甲”。由外伤、甲周皮肤病所致。

（18）肉包趾　趾甲周围隆起，趾甲变扁平被包在中央者称为“肉包趾甲”。因摩擦或挤压而引起。

2.治疗

畸形趾甲的治疗，首先要处理引起趾甲变形的原发病，如嵌甲。对于增厚型的畸形趾甲如“鹰嘴趾甲”、“牛角趾甲”、“海螺趾甲”、“肉包趾甲”等，常常引起疼痛，可予以修治。先将厚甲锛到正常趾甲的厚度后，再用修刀断，最后摘边，修整毛茬，使趾甲的边缘光滑平整。对于病甲范围较大的，可分作几段，一段一段地锛。术后可敷贴万应如意膏，促进局部血液循环，有利于变形趾甲的康复。

3.注意事项

锛“海螺趾甲”时，应顺趾甲的螺纹方向进行。

趾甲中有血线、肉刺或趾甲末梢有“肉包”要注意避开。

如果甲沟、甲下有鸡眼、茧子等，可用挖法立刀挖除。

甲板很长很厚的趾甲，可沿游离缘锛一条横线，再行横断，可缩短锛甲的时间。

无论何种病甲，锛到正常趾甲厚度时即可中断，不可过薄，否则容易引起疼痛。

畸形趾甲，大都是前边厚而硬，甲根附近薄而软，在锛甲时，最易拔掉趾甲，引起患者剧烈的疼痛。所以在锛甲时，术者最好用左手捏趾，用拇指以巧劲托住趾甲，防止将趾甲拔出。

十五、甲变色

1.病因与症状

趾甲颜色的异常变化与全身性和局部性疾病有关，某些药物或试剂染色也会引起。

（1）白甲　甲板呈点状、片状、线状或全部发白，趾甲的质地正常。点状白甲可以自行消失，不算病态。若白甲由外伤、真菌感染、系统性疾病引起，白色就不易消失，还会继续发展。片状和线状白甲多见于结核、麻风、肾炎等先天性或系统性疾病。

（2）甲色各半症　远端的甲色发红，近端的甲色发白，界线较为分明。肾病患者常见。

（3）甲条状色素沉着　甲部纵向条状色素加深，宽窄不一。由维生素A缺乏、毛发红糠疹、内分泌疾病等引起。

（4）绿甲条状或全甲变绿　多与绿脓杆菌感染有关，常伴有甲分离。

（5）棕甲　由于用高锰酸钾、汞剂等浸泡而使趾甲变为棕色，也可见于药物疹、肾上腺皮质功能减退、褐黄病、黑棘皮病、炎症后黑变病患者等。

（6）蓝甲　可见于脓性趾头炎、甲下血肿患者，有时被药物阿地平染色也可出现蓝甲。或提示此人心脏功能障碍，临床发现其双唇也发紫蓝色。

（7）黄甲　先天性或梅毒所致；服用雷锁辛、驱虫豆素、蒽林等药物也可引起。

（8）紫黑甲　手足紫黑，此病乃发于肝气虚弱，疏泄无力，血瘀生风，阴阳不和所致。

（9）竹笋甲　指甲淡白、干燥，甲床与甲板分离。多见于胃纳差、腰部酸痛、小便清长、视力差、多梦、手足心热。

2.治疗

一般甲变色要恢复到正常色十分困难。治疗需根据原发疾病对症下药。修治意义不大。

第二节　足部的感染性疾病

一、脓性趾头

1.病因与症状

脓性趾头指足趾末节跖面的皮下脓肿，多因刺伤或轻微损伤所致。由于趾端皮肤感觉特别灵敏，足趾部组织坚韧，伸缩性很小，所以感染时腔内压力很高，造成剧烈跳痛。如果患处持续高压，阻断了血液循环，可迅速造成趾骨与肌腱坏死，使局部组织变硬，呈青紫色，有波动感。

2.治疗

（1）药物外治法　无论是否出脓，都可以用万应如意膏加大黄粉或如意金黄粉外敷，未出脓者可消炎止痛，已出脓者可使之迅速破溃、愈合。

（2）火针法　出脓后可用火针刺破，令脓液流出，反复以万应如意膏加大黄粉外贴，或用如意金黄散外敷，直至痊愈。

二、足癣并发感染

1.病因与症状

足癣遇天气炎热或潮湿时，极易并发感染。局部发痒时，用手搔抓、鞋袜不洁或走路过多皆可发病。症状见足部红肿热痛，不能行走和穿鞋，甚至引起腹股沟淋巴管和淋巴结发炎，并且可引起全身发热、恶寒、疼痛等全身中毒性症状，局部可出现分泌物增多、红肿、溃烂、化脓等病变。

2.治疗

（1）药物外治法　感染面积较小时，可用黛黄膏外搽患处。具有清热燥湿、凉血解毒的作用。一般用药1~2天，局部红肿即可消失，效果显著。

黛　黄　膏

青黛30克，黄柏70克。共研细粉，以凡士林调膏。

感染较重、面积较大时，用中药浸泡外洗。如分泌物较多时，可用臭蒲白矾汤浸洗。如果局部红肿较重，宜用加味牡黄二子汤外洗。

（2）药物内服法　在足癣并发感染，伴有全身发热、恶寒、骨节疼痛等情况下，宜用中药煎剂内服。扬州市商业学校周俊老师在实践中总结出最有效的方剂是五味消毒饮合三妙散加减，每天1剂，一般3剂即可痊愈。

五味消毒饮合三妙散加减

金银花30克，薏苡仁30克，蒲公英30克，野菊花30克，紫花地丁15克，连翘15克，川牛膝12克，赤芍12克，木通10克，木瓜10克，槟榔10克，黄柏10克，苍术10克，车前子12克。水煎服。

第三节　足部损伤

一、开放性损伤

1.病因与症状

多数为锐器伤，少数为钝器伤。伤处皮肤有破口，因而常有化脓性和厌氧性细菌污染或异物存留。擦伤，仅有皮肤表层损伤，表面有少许出血点和擦痕，一般损伤比较轻；刺伤，锐器刺入软组织，伤口小而深，可能造成深部损伤和深部感染，成脓破溃较慢，病程迁延难愈；切(割)伤，由锐利的刀刃、玻璃片或铁片造成的损伤，伤口可浅可深，出血较多，容易造成神经、肌腱、血管等的断裂；撕裂伤，由钝器打击引起的组织撕裂，伤口不规则，周围组织破坏较重，范围较大，容易感染。

2.治疗

开放性损伤，首先应制止出血和包扎伤口，出血轻微者可用高浓度三氯化铁棉球压迫数分钟即可止血；对出血严重者，伤口压以药棉，加压包扎，也可在足腕部以绷带扎紧，血止后逐渐松开。

对于伤口污染者，应用肥皂水和软毛刷洗刷伤口周围皮肤，接着用冷开水冲洗，然后用大量生理盐水冲洗，并以纱布轻轻洗擦伤口内组织，洗去表面污物、异物以及已经脱落的坏死组织。擦干皮肤后，进行常规皮肤消毒。对于伤口较大或有血管断裂者，须去医院进行缝合或血管结扎，不可贻误。

开放性伤口，不严重者，在处理好伤口后都可用万应如意膏敷盖，以控制感染，减少疼痛，促进血液循环，加速愈合。对感染性伤口可反复换药，也可以单层纱布包扎后，以活血败毒汤浸泡伤口，能迅速止痛、消肿，加快创口的愈合，经多人应用，效果明显，无不良反应。

对于创口日久不愈、创面肉芽不新鲜或色灰者，可将少许九一丹撒于伤口，用万应如意膏贴盖，待伤口肉芽红活后，涂以蛋黄

九　一　丹

市售红升丹1份，生石膏9份，研磨。

油，撒布少许珍珠粉，外贴膏药，则可加速愈合。

二、闭合性损伤

常见有关节扭伤、关节脱位、跟腱断裂、骨折、挫伤、挤压伤等。扭伤是关节附近韧带受到外力作用(过伸或过屈)所引起的损伤，局部韧带部分破裂、出血、水肿，可在局部出现肿大、青紫及运动障碍等，踝关节扭伤尤为常见。挫伤多因打、碰、撞等造成皮下组织损伤，重者可伤及筋膜、肌肉等，出现局部皮肤青紫、皮下瘀血斑、血肿或肿胀、疼痛、功能性障碍等。闭合性损伤轻者可损及皮下组织、肌肉，严重者可损伤骨骼，造成骨折。

对于扭伤、脱臼、骨折者，宜整复和推拿，小夹板固定。对于伤处有瘀血、局部肿痛、活动不便的，可外贴万应如意膏，如骨折用接骨膏。内服复元活血汤加减，每日服1剂，连服3~5剂。也可内服七厘散及三七粉等。

对于血肿日久不消，或局部疼痛不除的患者，可用梅花针点刺，然后以火罐拔出瘀血，则可使症状改善，血肿消除。但对血虚气弱者，当扶以养正补血的中药配合。

接　骨　膏

煅自然铜90克，乳香60克，没药60克，五倍子120克，人中白90克，血竭18克。按上方比例共为细末，用好醋调药如糨糊状熬开，摊纱布上贴患处。

复元活血汤加减

柴胡10克，桃仁10克，当归10克，大黄6克，红花6克，炮山甲10克，天花粉10克，牛膝10克，杜仲10克，甘草6克。水煎。

（一）踝关节扭伤

1.病因与症状

踝关节扭伤多因在劳动、行军或体育训练中，由于场地、道路不平或负担过重，或在上下楼梯、斜坡时，因行走不慎造成。当扭伤发生后，受伤部位迅速肿胀，若系跖腓前韧带损伤，往往关节部位肿胀，疼痛随肿胀的程度加重，在韧带损伤处有明显压痛，出现皮下瘀血，患足伴功能性障碍和疼痛性跛行。

2.治疗

（1）冷敷　当发生急性踝关节扭伤后，首先要采取冷敷，用冰水浸洗或敷以冰块，目的是减少损伤后的出血肿胀。一般用碎冰块冷敷，每次10~20分钟，在损伤后的48小时内，每天要冷敷3~4次。

（2）复位　急性扭伤后肌腱、韧带、滑膜及小关节均可出现错位(小的位置改变)，中医称为“骨歪筋必斜”。复位的手法有：

1）拨顺筋　患者取正坐位，术者坐小凳面对患者，双手握足部，轻轻拨顺足踝部，以理顺经脉，松缓痉挛。

2）捋顺筋　体位同上。术者用双手拇指轻轻按托痛处，向下顺捋，以疏通气血，反复数次，能缓解疼痛。

3）归合　术者一手托足跟，一手握足，轻轻归合，使筋回槽，气血归经，经气疏通。

拇指按准痛点或条索状物，先弹拨，使筋归槽。然后两拇指先向前推按，再向后推压。

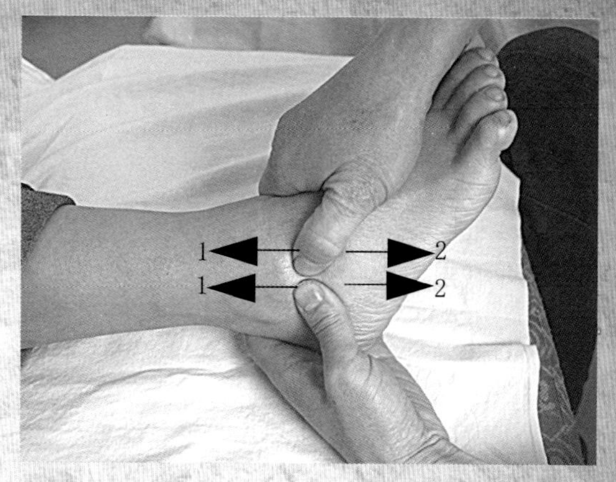

4）牵拉复位 体位同前，将患肢略微内屈，患者两手把住小腿中段，术者一手托住足跟部，另一手从侧方握住跖部，先使足部极度内收几次，患者足部自然放松后，在患者不注意时，由极度内屈突然向前下方一拉，可听到“咔嗒”一声，表示手法成功，筋络异位和骨错缝已被整复，此时疼痛会迅速消失。

右手施力后拉，左手前推。

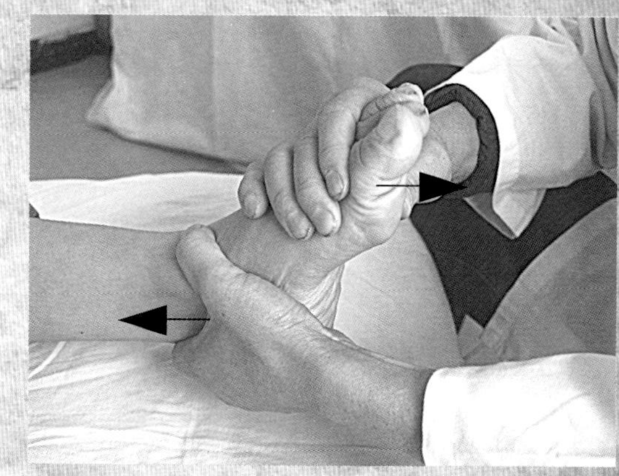

左手固定不动，右手握脚向外侧转，试探位置。

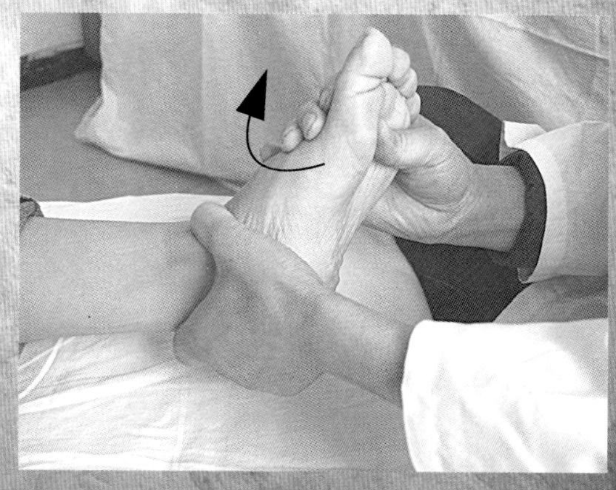

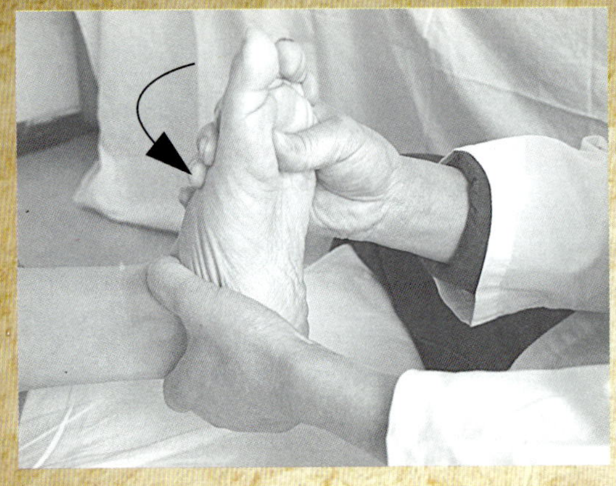

左手依然固定不动，右手握脚向内侧转，试探位置。

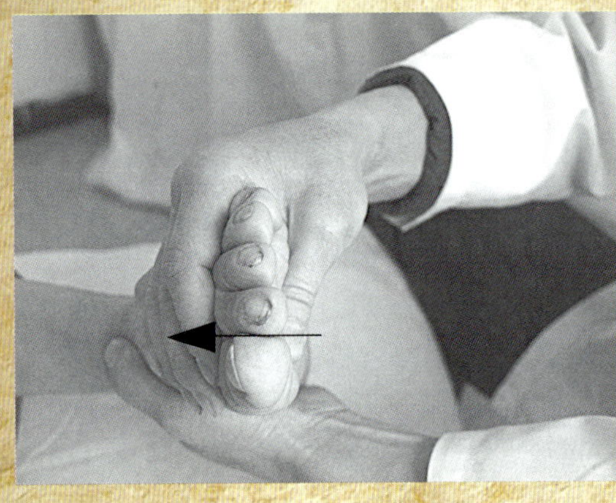

找准位置后，右手用力前推。

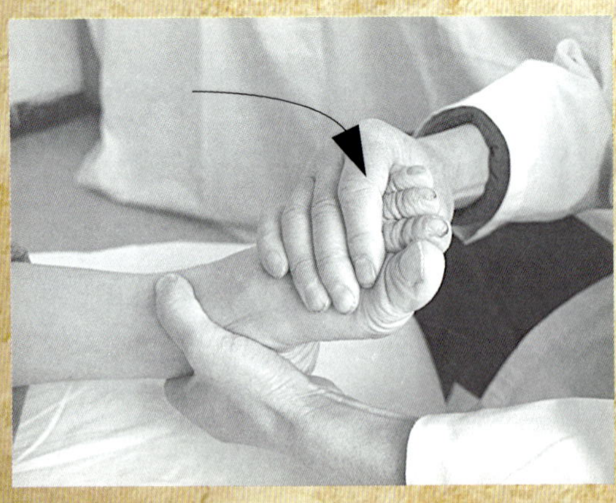

右手握脚用力，再向后下方顿拉。

（3）自我推拿　先揉阳陵泉、解溪穴各1分钟(阳陵泉在腓骨小头前下方凹陷处，解溪穴在踝关节前横纹中点、两筋之间，与外踝尖平齐)，再直推胫前肌1分钟，拇指指面自上而下直推小腿前外侧胫前肌，然后直推或按揉腓肠肌1分钟，拇指指面自上而下直推或按揉小腿后侧腓肠肌，以先轻后重的方法按揉压痛点1~3分钟，同时踝关节应放松慢慢活动。

（4）固定　踝关节韧带损伤较轻者，可用绷带或胶布将踝关节固定于韧带松弛位，外侧副韧带损伤将足外翻位固定，内侧副韧带损伤将足内翻位固定。韧带撕裂严重者，要去医院治疗，必要时可采用石膏托固定。

（5）药物治疗

1）活血止痛散　在损伤初期可内服活血止痛散，每次2克，每天2次，用温开水送下。

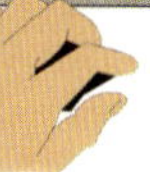

活血止痛散

䗪虫30克，三七15克，当归50克，乳香30克。共研细末。

2）舒筋丸　当肿胀消退后可服舒筋丸，温开水送服，每次2克，每天2次，注意不可过量。

舒　筋　丸

麻黄、山药、川芎、羌活、独活、桑寄生、当归、制附子、䗪虫、千年健各17克，制马钱子30克。共研细末。

3）消肿方　消肿有两种方法，消肿方一以金针菜为主，消肿方二以木耳为主。

消肿方一

金针菜25克，鸡蛋1个。将金针菜捣烂，和蛋清搅拌匀，敷于患处。

消肿方二

用白木耳（或黑木耳）200克，焙干为细末。每次50~100克，用麻油拌匀，好酒送服，两三次即愈。

4）急性扭伤方　急性扭伤可用急性扭伤方。

急性扭伤方

透骨草30克，海桐皮30克，没药15克，当归15克，川芎15克，红花15克，羌活20克，独活20克，威灵仙20克，乳香15克，荆芥15克，花椒15克，防风15克，葱根7个。

用法：用纱布包住上述药煮沸后热敷，每日2次，每次30分钟。

5）上肢损伤方　上肢损伤可用上肢损伤方，按配方将药物煎沸后，熏洗患处。每天3次，每次20分钟。

上肢损伤方

伸筋草、透骨草各15克，桂枝、红花、荆芥、防风、川芎、苏木、威灵仙各9克。

6）下肢损伤方　下肢损伤可用下肢损伤方，按配方将药物煎沸后，熏洗患处。每天3次，每次20分钟。

下肢损伤方

伸筋草15克，透骨草15克，五加皮12克，莪术12克，三棱12克，海桐皮12克，生木瓜9克，苏木9克，红花9克，生牛膝9克。

7）踝关节扭伤偏方

偏方一：加水3 000毫升，煎取汁1 000毫升，倒入盆中。待药液稍凉后，将双足浸入药液中浸浴。每次浸泡30分钟，每日3次，每剂可洗2天。

偏　方　一

当归60克，艾叶40克，地榆30克，黄柏30克，䗪虫30克，乳香15克，没药15克，金银花30克，赤芍30克，白芍30克。

偏方二：加水4 000毫升，沸后30分钟，滤取药液。倒入盆中，趁热熏洗患处。待药液稍凉后，将双足浸入药液中浸浴。每次浸泡60分钟，每日2次，每剂可洗2天。

偏 方 二

透骨草、丝瓜络、鸡血藤、路路通、三棱、莪术、红花、桂枝各30克，细辛、生川乌、生草乌、伸筋草各15克。

偏方三：加水2 000毫升，煎取汁1 000毫升。倒入盆中，趁热熏洗患处。待药液稍凉后，将双足浸入药液中浸浴。每日2次，每次30分钟。

偏 方 三

伸筋草、寻骨风、透骨草、路路通、甘松各30克。

3.注意事项

在运动前要充分做好准备活动，充分活动踝关节，避免损伤发生。

踝关节扭伤要与踝关节骨折相区别，骨折表现为受伤部位有明显肿胀，有骨擦音、畸形、异常活动。

功能锻炼对于踝关节扭伤后的功能康复十分重要。在固定期间，可练习足趾的屈伸活动和小腿肌肉收缩活动。拆除固定后，逐渐练习踝关节内外翻、跖屈、背伸等活动，以预防踝部软组织粘连，恢复踝关节功能。常用的是蹬空练习法：仰卧位，先做踝关节屈伸活动，然后屈膝、屈髋，用力向斜上方进行蹬足运动。

（二）跗跖关节扭伤

1.病因与症状

从高处坠下，在不平的道路上跑跳和行走，强外力压轧，导致足前部内翻跖屈或外翻造成跗跖关节扭伤。当发生跗跖关节急性扭伤后，跗跖部肿胀疼痛，皮下瘀血，活动受限，跛行，足前部着力困难，只能用足跟走路。足内翻位扭伤时，骰骨与第四、第五跖骨间压痛剧烈；外翻扭伤时，压痛多在第一楔骨与第一跖骨之间。

2.治疗

对于急性单纯性跗跖关节扭伤，除采用一般急性损伤的四大处理原则(冷敷、抬高肢体、休息、固定包扎)外，要采用一定的手法整治。如外侧跗跖关节扭伤，让患者正坐，伤足伸出床边。按摩师坐于伤肢内侧，双手拇指相对按在骰骨和第四、第五跖骨背侧。其余四指从跖侧握住伤足，相对拔伸并轻轻摇晃前足，同时使伤足跖屈，而后再将伤足背伸，双手拇指向下戳按。

对于扭伤较重者可用绷带固定韧带松弛位，扭伤较轻者可以用热水局部浸洗，以促进血液循环。

扭伤后期逐渐进行患足的屈伸、内外翻及旋转活动等锻炼，有利于伤后功能及时恢复。

3.注意事项

发生跗跖关节扭伤后，一定要注意检查有无跗跖关节脱位及骨折。局部肿胀明显，疼痛剧烈，足弓塌陷，足横径变宽等，最好用X线片确诊。

在扭伤未愈之前避免进行剧烈活动，以免重复扭伤。

（三）距舟关节扭伤

1.病因与症状

距舟关节位于足内侧，扭伤一般是足跗内侧软组织的损伤和距舟关节的轻微错位。多是由高处坠落或跑跳行走不慎，足前部过度外旋，使韧带受到强烈牵拉而致。有时直接暴力压砸或碰撞也可导致足跗内侧软组织损伤。表现为足背内侧肿胀、疼痛，足跟着地，跛行，重者不能行走，如行走时间较长，则感觉足部酸软无力。从外部可见距舟关节部高凸，压痛点局限于距舟关节处。伤足被动外翻跖屈时，局部疼痛加重。

2.治疗

（1）急性扭伤　应冷敷伤部、抬高肢体、休息、固定包扎。

（2）手法治疗　患者侧卧，伤足在下。按摩师用一手虎口扣住足跟，拇指按住伤处，另一手拇指在足底，余四指在足背握住足跖部，环转摇晃6~7次，向足趾方向进行拔伸，而后用双手大鱼际肌用力下压，双手食指用力上托，使距舟关节分离。接着将握跖部手的拇指改按足舟骨处，使足尽量内翻的同时，向下戳按，最后进行揉捻捋顺，按摩舒筋。

对于扭伤较重者，在足舟骨下方垫一棉垫，以维持正常的足纵弓，然后用绷带或胶布将足固定于旋后位2~3周，再用胶布固定。

3.注意事项

距舟关节的急性扭伤最好进行X线片确诊。

拆除外固定后，进行患足屈伸和旋转活动，促使足部功能尽快恢复。

手法治疗后应卧床休息，严禁跑跳等剧烈活动。

（四）踝关节脱位

1.病因与症状

踝关节脱位，分前脱、后脱、内脱和外脱，以后脱最为常见。踝关节脱位一般伴有踝部韧带的断裂及骨折，尤其在合并腓骨骨折时后脱更易发生。外伤后发现足踝部畸形，结合局部肿胀和功能障碍，一般即可明确诊断，必要时借助X线片确诊。如果没有骨折而单纯由于足强力外翻而致韧带断裂、脱位，可用重心检查法确诊，检查方法是将小腿放于水平位，踝关节即出现畸形。

2.治疗

（1）复位手法　踝关节脱位通常利用足所受的重力即可复

位。以手掌托住足后跟，足与小腿居水平位并外旋，踝关节即可自行复位。如单纯性踝关节后脱位可用一布带环绕小腿，足下踏，作反牵引，行手法复位。

复位后固定，一般可用胶布粘贴固定。在固定时维持足与小腿成90°，需时2~3周。

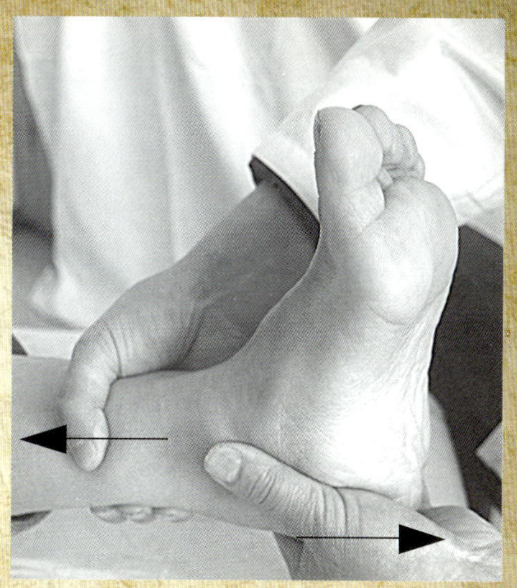

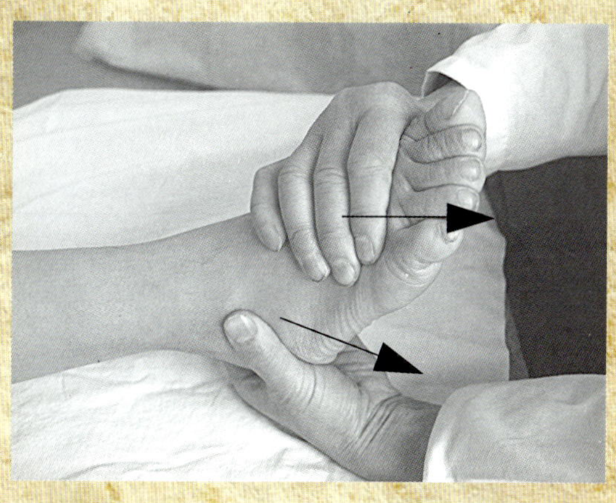

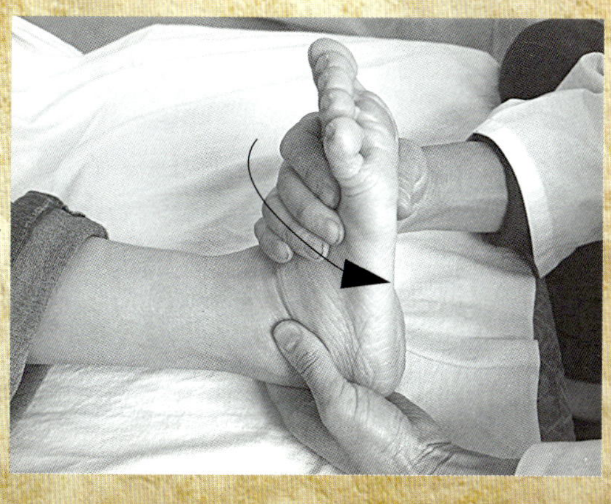

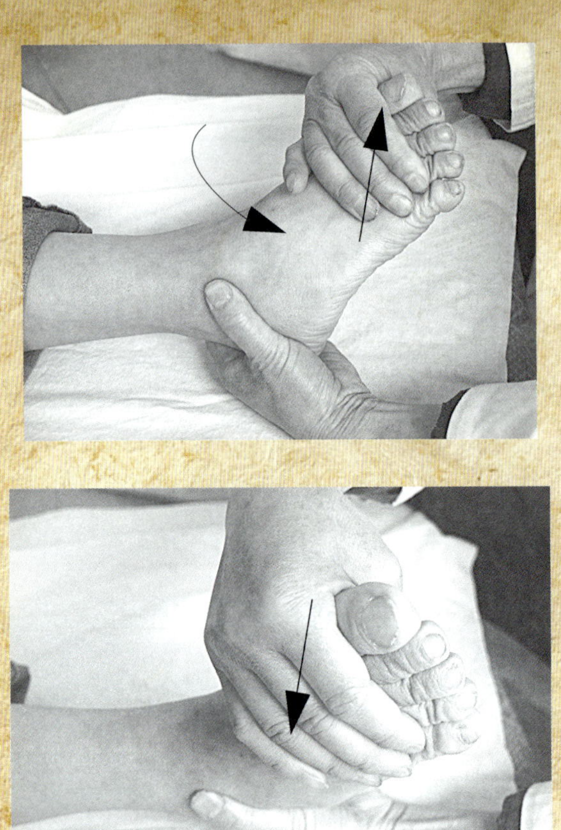

（2）辅助锻炼　在固定期间可练习足趾的屈伸活动和小腿肌肉收缩活动。拆除固定后，逐渐锻炼踝关节功能。

3.注意事项

整复时要维持足与小腿成90°。

对合并骨折的踝关节脱位应在医院进行治疗，必要时还要采用内固定。

如果踝侧副韧带断裂要进行手术治疗。

在伤后2~4周内，只要条件允许，应尽量采用手法复位；如系急性踝关节脱臼，手法复位不理想者，应尽早采用手术切开复位。

（五）跗跖关节脱位

1.病因与症状

跗跖关节脱位比较多见。由重物坠落打击足背或车压伤所致，以第一和第五跖骨脱位最为常见。前半足遭受扭转外力合并骨折，使内踝后方的血管痉挛，影响足部血液循环者，当发生跗跖关节脱位后，局部肿胀明显，疼痛剧烈，足弓塌陷，足横径变宽，不能行走。X线片可显示跖骨移位的方向。

2.治疗

（1）复位手法　对于急性跗跖关节脱位，首先要进行手法复位，采用拔伸跖屈法及背伸戳按法。

（2）固定与锻炼　手法复位后要进行外固定，最好去医院打石膏托固定，固定5~6周。

创伤后期应逐渐进行患足屈伸，内、外翻及旋转等锻炼，以期尽早康复。

3.注意事项

对于跗跖关节脱位，如手法复位后不稳定者最好去医院进行手术，施钢针内固定术。

（六）舟骨脱位

1.病因与症状

舟骨脱位较为常见，多因从高处坠落或跑跳时单足着地踝部突然外翻，或胫骨前肌紧张，使附着于舟骨的部分肌纤维撕裂引起。舟骨脱位后伤足走路酸痛无力，局部微肿，走路时内侧纵弓部位疼痛，足内侧舟骨处高凸，有压痛。从足外形观察有明显改变。

2.治疗

（1）手法复位　一手拇指按压突起的舟骨，另一手握住足趾，先使足外翻背屈，然后迅速使伤足内翻跖屈，同时按压突起的舟骨。对于急性单纯性舟骨脱位，用手法治疗可以取得立竿见影的效果。

（2）固定手法　复位后要用绷带或胶布加压固定包扎，休息

6~8周即可。

3.注意事项

单纯性舟骨脱位要与舟骨骨折相区别，必要时要进行X线拍片。

手法复位要准确，以免加重损伤。

如损伤后局部肿胀明显，可用热醋浸洗。

注意休息，以免重复脱位。

（七）跖趾关节脱位

1.病因与症状

跖趾关节脱位较为常见。常因足踢触硬物而引起，或因在跳跃时，跖背伸着地而造成。跖趾关节脱位常伴有关节侧副韧带损伤或跖趾骨折，脱位后趾骨向背侧移位，趾缩短，跖骨过伸，向屈侧畸形，伴局部疼痛和肿胀。

2.治疗

（1）复位　急性跖趾关节脱位后，在排除骨折的前提下，采用手法复位。

（2）固定手法　复位后，应采用小木板或竹片固定1~2周。

（3）辅助治疗　在手法复位后，为了减少局部肿胀，还可适当进行冷敷。

3.注意事项

手法复位时动作要轻，以免加重损伤，应将患趾向足背和足尖牵引，即可复位。

为了排除骨折，最好去医院拍X线片确诊。

如脱位合并侧副韧带撕裂，可表现侧向异常活动。

固定拆除后要进行足趾功能恢复活动。

（八）跟腱断裂

1.病因与症状

踝关节过度背伸(60°~70°)会发生跟腱断裂。超常规运动和锐器误伤是主要原因。当发生跟腱急性断裂时，可听到跟腱断裂的声音，跟腱处疼痛，不能站立或行走，跟腱外形消失，有凹陷、压痛。确诊方法是：患者俯卧位，足垂床沿下，用力捏小腿三头肌的肌腹，跟腱正常者踝能跖屈；如跟腱完全断裂，则踝关节不能运动。

2.治疗

一旦明确诊断，应进行手术治疗。手术后4周可以练习踝关节的屈伸，6周后可以练习走路。

3.注意事项

一般跟腱损伤可进行理疗，外用万应如意膏。

急性跟腱断裂，损伤后不要进行手法按摩，去医院前应冷敷治疗。

手术后要进行功能锻炼，加速踝关节功能的恢复。

对于跟腱处由锐器直接切割造成的开放性损伤，在清创时应检查跟腱是否断裂，以免漏诊。

第四节　骨质增生

一、跟骨骨刺

1.病因与症状

跟骨骨刺是由于跖腱膜和跖短屈肌或跟腱的不断牵拉，经过长期外伤作用，加上骨骼的退行性病变而形成。多发生在跟腱的抵止点，形成尖角形的骨质增生，骨刺尖端多与跖腱膜的方向一致。跟骨骨刺本身往往不是造成足跟病的原因。跖腱膜或跟腱慢性炎症是引起疼痛的主要原因。炎症治愈后，即使仍有骨刺存在也不会有疼痛感。

足跟骨刺位于跟部内侧，用手按于患部能触及一凸出的硬物，拍X线片检查，能准确诊断。

足跟骨刺多发生于中老年人。这种病往往与职业有关，多发于站立和行走较多的建筑工人、纺织工人等。初起时，只感觉走路疼痛，尤其在起床下地时疼痛加重。病情严重时，可牵拉小腿后方肌肉，造成疼痛，伴有足部发冷，走路多时局部有灼热感。骨刺发生日久，许多患者会自觉疼痛减轻或消失。

2.治疗

（1）药物外治法　以万应如意膏贴于足跟部，效果非常理想，一般3~5天后疼痛即明显减轻。3~5天换药1次，5~6次后症状即可基本缓解。

还可将中药川芎细末(适量)装入纱布做的药袋中，置于鞋内足跟下，每周更换1次，1个月为一疗程，1~2个疗程症状可明显好转。

用醋浸泡的方法也有效，这种方法在民间流传很广。将砖打一坑，略大于足跟，将捣烂的鲜侧柏叶（适量）置入坑中，加入一定量的醋，在火炉上加热后，把足跟放在坑中烘烤，醋蒸干后可再加入，一日泡数次，直至痊愈。

（2）药物内服法　流传于民间的跟骨骨刺验方，每剂分30包，每天早晚各服1包，用白开水送下，十分有效，对膝关节骨刺和腰椎骨刺也有一定效果。

跟骨骨刺验方

蜈蚣18条，蝎子18克，桃仁10克，穿山甲10克，红花10克，川楝子12克，牛膝18克，丹参15克，杜仲15克，甘草10克。共研细末。

二、趾骨骨刺

1.病因与症状

趾骨骨刺是足趾末端背侧面的骨质增生。本病常见于趾，骨刺从趾甲末端和趾腹末端之间向前上方伸出，用手可摸到一骨性硬物。趾甲常被顶起而致畸形。覆盖骨刺的趾腹皮肤常变得肥厚而坚硬。拍X线片能明确诊断。

本病初起时，即感到趾顶部疼痛，行走时，趾端顶着鞋子会疼痛加剧，用手触及时疼痛加重。

2.治疗

治疗方法同跟骨骨刺。

第五节　足部畸形

一、趾外翻

1.病因与症状

趾外翻是大趾在跖趾关节处向外侧偏斜，同时趾在纵轴上向外略有旋转畸形。畸形形成后，难以自行矫正，局部疼痛逐渐加重，步行艰难。常见于中青年妇女。除少数患者与先天因素有关外，多数患者是受窄小的鞋子所缚，将趾向外侧挤压而引起，经常穿尖而窄的高跟鞋很容易发展为趾外翻。表现为第一跖骨向内侧偏斜，第一、第二跖骨头间隙变得特别宽。数年后跖骨头突出部位形成厚壁囊肿，引起发炎，甚则化脓。跖趾关节可形成关节炎，使关节活动受限且有疼痛感。晚期患者，前足扁平、展开，足趾严重蜷曲。

2.治疗

轻度患者不需治疗，选择宽大而合脚的鞋子，经常自我按摩，将向外侧偏斜的趾向内牵拉，按揉跖骨头突出部位，就会逐渐恢复；中度患者，应适当休息，在趾和第二趾之间插一块楔形的弹性泡沫垫或纱布，将两趾撑开，可以纠正畸形；严重患者，需进行手术矫形。

二、锤状趾

1.病因与症状

锤状趾系足趾畸形。多发生于第二趾，也可以发生在第三或第四趾。有的是先天性，但大多数是由于穿头尖窄小的高跟鞋，使足趾挤在一起，趾外翻，第二趾被挤到趾背面，跖趾关节过伸，近端趾间关节过度屈曲，远端趾间关节过伸。第二趾的近端趾间关节背面和趾尖因长期挤压而形成脚垫、鸡眼，继发感染，引起疼痛。

2.治疗

本病应注意预防，穿鞋要注意前部宽大，足趾能自由活动而不受束缚。形成鸡眼或脚垫者，可用修治法挖除。幼儿的锤状趾不宜采用手术治疗，以免影响足趾发育，可采用手法逐步矫正。矫正后可用胶布将患趾固定在相邻两个趾上。成人可用夹板逐渐矫正，严重者考虑施行手术。

三、重叠趾

重叠趾又称先天性蜷曲趾，患者较小的足趾，特别是第四趾向内蜷曲而被压在邻趾之下，或居于邻趾之上。青壮年以前重叠趾不会引起其他症状。一般需手术治疗。

四、并趾与多趾

1.病因与症状

并趾与多趾是先天形成的。出生后见趾连在一起的称为并趾。并趾有皮肤或皮肤、皮下组织相连，还有骨组织相连，有部分趾相连，也有整趾相连。患者一般伸屈趾运动都很正常，只是不能做分趾的动作。

出生后即见一足或双足多1个或2个足趾称为多趾。常见于趾侧，有的仅为一软组织赘生物，也有的与跖部组成关节，或仅在末节趾骨分成2个。

2.治疗

并趾一般应到6~7岁以后施行分离手术。只有一个软组织块的多趾，出生后可用丝线结扎，阻断其血液运行使之脱落；其他类型的多趾宜于1周岁前后施行手术切除。

五、扁平足

1.病因与症状

扁平足又称平足或外翻足。表现为足纵弓变浅，站立时足内缘靠近地面或接触地面。许多患者有先天性基础，如足跖、韧带、肌肉发育异常，胎儿期韧带和肌肉在子宫内发生挛缩等；有的为遗传所致，父母有平足时，子女往往也有平足；不少患者是由疲劳和慢性劳损(如站立过久或负重过多)而引起；也有的由肌肉麻痹(如小儿麻痹症)所致；还有关节炎等疾病也可以引起扁平足。有些人喜穿“火箭式”尖头鞋，对足弓横加束缚，肌肉常处于紧张状态，再加上出门乘车或以自行车代步，甚少活动，使足肌缺乏锻炼，引发扁平足；体重增加的人，足弓不能承担，也易形成扁平足。

2.治疗

3岁以内的儿童不需要治疗；3岁以后，可在鞋后跟内插入一块内厚外薄的楔形垫，使鞋轻度向外侧倾斜，以纠正扁平足。较大儿童可在医生指导下进行肌肉训练，增加足内肌的肌力。成年人也可采用上述方法，特别是进行肌肉锻炼和电刺激，加强足内肌和腓肠肌的肌力，以纠正畸形。严重足外翻畸形的患者可考虑手术治疗。

六、先天性马蹄内翻足

1.病因与症状

本病由先天形成，可能因胎儿在子宫内位置异常或肌肉发育不良，引起肌力不均等导致。患儿出生时可见一足或两足内翻和跖屈，用手扳正时，有不同程度的阻力。当患儿行走时，跨步困难，一侧者走路跛行，双侧者则行走摇摆不稳。

2.治疗

治疗愈早，效果愈好。应在出生后1周内就反复施以手法，使畸形得以完全矫正，或用石膏或夹板固定。如果上述疗法超过3个月仍未奏效，可考虑手术治疗。

第六节　足部血管性疾病

一、血栓闭塞性脉管炎

1.病因与症状

该病是一种全身性动脉和静脉的慢性闭塞性疾病，中医称“脱疽”或“十趾零落”。一般认为长期吸烟、足部受寒、受潮湿及精神因素刺激，引起中枢神经系统调节和血管痉挛，致使血管壁营养障碍，进而形成血栓。本病多发于25~45岁的青壮年，病变多发生在下肢血管。

血栓闭塞性脉管炎，发展比较缓慢，病程可分为三期：

（1）局部缺血期　开始患肢发凉、怕冷，有麻木感，足部和小腿酸痛，行走一定距离后，感觉小腿疼痛而跛行，休息则疼痛暂时缓解，称为间歇性跛行。患肢足背动脉搏动变弱，部分患者下肢静脉发生游走性静脉炎。

（2）营养障碍期　患足持续性疼痛，卧床休息时疼痛加重，屈膝抱足而坐或将患肢垂于床沿以改善下肢血循环，疼痛方可减轻。这期间足背动脉及胫后动脉搏动消失，小腿皮肤干燥，肌肉萎缩，趾甲变厚或脆裂。

（3）坏死期　此期患足足趾发生溃疡和坏死，开始时多发生在趾尖，属干性坏死，继而蔓延至其他足趾，坏疽部分可自行脱落，残留不易愈合的溃疡。也会因继发感染而成为湿性坏疽。

2.治疗

（1）一般治疗　适当休息，绝对戒烟，患肢保暖，但不宜过热。另外，要积极治疗足癣，预防外伤。定时做抬腿运动，有助于促进侧支循环的形成。

（2）药物内服法　服用血管扩张药，如硫酸镁、烟酸、盐酸罂粟碱、低分子右旋糖酐等。中药内服效果较好。

1）虚寒型　以温阳通络散寒为主，用阳和汤合当归四逆汤加减。

阳和汤合当归四逆汤加减

熟地黄10克，黄芪30克，炮姜6克，麻黄6克，白芥子6克，鹿角胶(烊化)10克，桂枝10克，芍药10克，细辛3克，肉桂5克，鸡血藤30克，当归10克。水煎服。

2）热毒型　宜清热解毒，佐以凉血化瘀，用四妙勇安汤、顾步汤加减。

3）气血两虚型　宜补养气血，选用十全大补、人参养荣汤加减（一）或十全大补、人参养荣汤加减（二）。

四妙勇安汤、顾步汤加减

黄芪30克，当归10克，金银花30克，连翘15克，牛膝10克，生地黄30克，牡丹皮15克，玄参30克，血竭6克(研末送服)，水蛭10克，䗪虫10克，石斛15克，桃仁10克，红花6克，刘寄奴15克，皂角刺10克。水煎服。

十全大补、人参养荣汤加减（一）

黄芪30克，人参10克，当归10克，芍药10克，熟地黄20克，川芎10克，茯苓15克，白术10克，肉桂6克，五味子6克，陈皮6克。水煎服。

十全大补、人参养荣汤加减（二）

人参9克，白术9克，甘草6克，陈皮3克，茯苓12克，当归2克，白芍18克，熟地黄18克，川芎6克，神曲3克，麦门冬30克，谷芽6克。水煎服。

另外，坏疽足趾要保持干燥，预防感染，一般都能自行脱落、愈合。也可在坏疽与健康组织之间分界明显时，将坏疽的足趾截除或做清创术。只有在广泛坏死，感染不能控制或疼痛无法忍受时，才可考虑施行截趾术。

二、手足厥冷

手足厥冷出自《金匮要略》，也称四肢厥冷、四肢逆冷、寒厥。

1.病因与症状

（1）禀赋不足　脾肾阳虚，不能温煦四肢，故而肢端逆冷。

（2）寒冷外袭　痹阻络道，血运不畅，难达四肢，症见肢端苍白冰冷等。

（3）气血衰少　脉道干利，肌肤得不到濡煦而致病，诚如《诸病源候论》所说："经脉所行，皆起于手足，虚劳则血气衰损，不能温其四肢，故四肢逆冷也。"总之，本病的内因，主要是脾肾阳虚，温煦四肢之力微弱，外因当与寒邪关系密切，古人谓："寒多则凝注，凝注则青黑。"两者皆能影响血液的运行，在血行受阻、痹阻不通或欠畅的情况下，皆可导致本病的发生。

诊断要点：①好发于青年女性；病变通常发生于双侧肢体的末端，手指最多，足趾次之，偶见耳郭、鼻尖和舌尖、颊和颏等。②初期为缺血表现：皮肤苍白，手指发凉，刺痛，知觉异常，麻木，手指发硬不能自由屈伸；中期皮肤肿胀，发绀，甚则深青或黑褐，伴有刺病和跳动感。③寒冷季节发作次数增多，症状较重，严重时还会出现溃疡。④指端尖削呈杵状，指甲裂纹或扭曲变形。

2.治疗

（1）药物内服法

1）脾肾阳虚　肢冷苍白，触之如冰，久不转红，逐渐蔓延扩张，肢端麻木疼痛，轻者时转潮红肿胀，重者持续苍白或发绀，伴肢冷疼痛，唇甲色青，腰膝无力，面色苍白，食少纳差，大便溏薄，舌淡苔少，脉沉细。治宜温补脾肾，祛寒通络。方用附子理中汤加减。

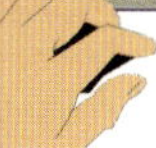

附子理中汤加减

炮附子、干姜、白术、炙甘草、川芎、王不留行、甲珠各10克，党参、黄芪各12克，丹参、鸡血藤各15克，路路通6克。水煎服。

2）气血衰少　四肢末端冰冷，甚则发绀，指尖略有变细，僵硬；兼有畏寒无力，少气懒言，面色苍白，偶有刺痛，舌质淡红，苔少，脉沉细无力。治宜益气温阳，养血通络。方用益气养血汤加减。

益气养血汤加减

生黄芪30克，党参、当归各15克，桂枝、鸡血藤、熟地黄各10克，延胡索、路路通、红藤、石楠藤各12克，地龙、甲珠、苏木各6克。水煎服。

3）寒邪外袭　肢端寒冷，麻木疼痛，患处喜暖怕冷，遇冷则肢端皮肤苍白、青紫，继转潮红，得温则缓解，舌质淡，苔薄白，

辅助按摩：用一脚的足跟压在另一脚趾缝处，然后将脚跟向前推至趾尖处再回搓。每个趾缝50次，每晚1次。

（2）艾叶足浴

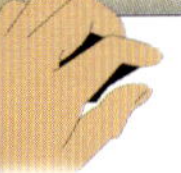

艾叶足浴

艾叶50克，肉桂50克，苦参10克，花椒5克。

主治脚臭、脚癣。将上述药材混合后放入锅中，加适量水以小火煎煮30分钟。煮开后滤出药汁，将脚浸没在药汁中。每日1~2次，每次20~30分钟。

辅助按摩：用一脚的足跟压在另一脚趾缝处，然后将脚跟向前推至趾尖处再回搓。每个趾缝50次，每晚1次。另外，双手除拇指外的其余四指紧握小腿肚后侧肌肉，缓慢地往上进行揉压至膝盖后方部位。

四、手足脱皮

1.病因与症状

指掌脱皮是一种常见的皮肤病变，初起时掌指处生有白点，形若针尖、蚊喙，少则数个、散在，多则数十个或成群集簇，逐渐向四周扩散如干涸水疱。中医称手足脱皮系角质松懈症，或剥脱性角质松懈症，西医称与真菌、霉菌有关。

本病多因饮食失节、脾胃不调而致，湿邪内蕴，郁久化热，复受风寒外袭，湿热闭阻于内，则肤腠失养；或因热体涉水，或因肌热当风，而致冷气郁闭，湿邪阻遏，皆能致病。

2.治疗

纯中药制剂藜荷液治疗指掌脱皮颇为应验。其中夏枯草性味苦辛寒，清热散结消肿，据现代药理研究有抑制细菌生长作用；车前草苦微寒，能清热凉血，现代药理研究有抗病原微生物作用；薄荷辛凉，有疏风散寒、清热解毒止痒之功，现代药理研究该药挥发油能使皮肤毛细血管扩张，促进汗腺分泌，有发汗解热作用；蒺藜苦辛平，有祛风清热之效。

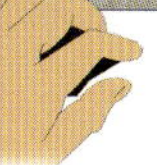

藜　荷　液

夏枯草50克，车前草30克，蒺藜30克，薄荷20克。

加减：新起水疱者加茵陈20克；潮红瘙痒者加防风15克，荆芥15克。汗多加白矾、米醋、泡桐花、瓜蒌。

用法：将配方药盛入瓷盆内，加水适量，浸泡40分钟，武火煮沸，改文火煎30分钟，待水温适宜后浸泡患处，每次30~60分钟，早晚各1次，7天为一疗程，一般应用1~2个疗程。除治疗外，应避免用肥皂及碱性洗涤物洗手，切勿用手撕皮或涂擦护肤油脂，少食辛辣炙燥之品。

五、肢端动脉硬化症

1.病因与症状

肢端动脉硬化多发于下肢，系下肢动脉非炎性、退行性与增生性病变，管壁增厚变硬、失去弹性，管腔缩小。以动脉粥样硬化最多见。多见于老年人，男性多于女性，城市多于农村。饮食中动物性脂肪与脂质含量高者、从事紧张脑力劳动者、高血压病患者、糖尿病及其伴有血胆固醇过高的患者，易患本病。脂质代谢紊乱和动脉壁功能障碍是本病原因，两者又都和高级神经活动障碍有密切关系。

由于血供障碍而引起间歇性跛行，行走时腓肠肌疼痛、痉挛，休息后消失。动脉管腔完全闭塞时，可引起肢端溃疡和坏疽。

2.治疗

（1）按摩法　可以自我按摩，也可由他人进行按摩。先采用摩法，以手掌和掌侧鱼际将全足搓热，然后以拇指揉按涌泉、昆仑、三阴交和太冲等穴位。再用踝摇拉法，将踝关节托住，用手进行背屈、跖屈、内翻、外翻，先顺时针再逆时针转圈摇动。最后用趾摇拉法，逐趾进行摇拉。

（2）药物内服法　需经常口服或注射复方丹参，也可以应用血管扩张剂如低分子右旋糖酐等。

一般在足部水肿时应用活血利水之剂，佐以补气益肾强心汤，服用3~5剂，即可使水肿消失，十分有效。

补气益肾强心汤

益母草30克，泽兰15克，茯苓皮30克，牛膝15克，丹参15克，黄芪20克，党参10克，麦门冬15克，五味子3克，桂枝6克，桑寄生15克，葛根15克。水煎服。

第七节　其他足病

一、跖腱膜炎

1.病因与症状

跖腱膜是足底的深筋膜，位于足底部，附着在跟骨结节上。其中央部分坚硬，内、外侧部分薄弱。跖腱膜保护足底肌肉、肌腱和足底关节，支持足弓，同时又是足底某些内在肌的起点，协助它们活动。常常因局部挫伤、负重行走、长途跋涉等劳损或感受寒冷和潮湿而致跖腱膜炎。该病表现为足跟或足心疼痛，在足跟部以指按压可找到压痛点。

2.治疗

（1）按摩法　自己或他人帮助都可以完成。先用拇指从足跟压痛点开始，推至足前掌，以两手拇指相互叠压在压痛点上做振抖；再用拇指揉按局部及周围；然后用掌擦法，擦至足底发热为止；最后用拇指或食指按压三阴交、太溪、昆仑等穴位。治疗后患者感觉足底疼痛明显减轻。

（2）药物外治法　用万应如意膏外贴，效果明显，5天换药1次，3~4次即可痊愈。

二、滑囊炎

1.病因与症状

在关节周围、骨骼隆突与肌肉或皮肤之间都有滑囊存在。滑囊为一囊状间隙，一般不与关节相通，其内壁为滑膜，平时囊内只有少量液体，因此不易摸到，其生理功能是利于肌腱等组织的活动。

滑囊炎多发生在足跟部。由于穿硬鞋受摩擦或外伤，可使跟骨下、跟骨后以及跟腱前方的滑囊发生炎症，局部出现疼痛、肿胀或压痛，有时皮肤发红、发热。

该病有急性与慢性之分。急性较少，一般为急性外伤所致，伤后滑囊内有急性炎症发生或有浆液渗出；慢性滑囊炎较多见，可因长期压迫或反复摩擦而致，病理表现为滑膜充血、水肿，绒毛增生，囊壁增厚及产生无菌性渗出液。

2.治疗

（1）药物内服法　急性炎症可应用抗生素，有利于炎症的消除。应用清热消炎汤内服，每日服1剂，比较有效。无论急性炎症或慢性炎症都可以用清热、活血、利水法治疗。

（2）药物外治法　急性期或慢性期滑囊炎都可以用万应如意膏贴敷。只要避免压迫或摩擦，经休息即可消退。

清热消炎汤

当归10克，川芎10克，益母草30克，泽兰15克，丹参15克，红花6克，桃仁10克，忍冬藤30克，牛膝15克，茯苓30克，生甘草10克。水煎服。

三、跖管综合征

1.病因与症状

跖管也称踝管，位于踝关节内侧，是小腿后区和足底深部蜂窝组织间隙的骨纤维组织所形成的一条通道。它的浅面为跨于胫骨内踝和跟骨结节间的分裂韧带，深部为跟骨、趾骨和关节囊，管内有肌腱(胫后肌腱、趾长屈肌腱和长屈肌腱)和胫后神经通过。胫神经在出跖管时分出支配足底和足内侧的终末支——跖内、外侧神经。

由于足部活动突然增加或踝关节反复扭伤，使跖管内肌腱因摩擦而发生腱鞘炎、腱鞘肿胀、跖管内容物肿大、压力升高，分裂韧带退变增厚，跖管内跟骨骨刺形成以及骨折等都可导致跖管狭窄，跖管缺乏伸缩性，导致血管和神经受压而发病。

本病发作时，常因行走、站立过久而出现内踝后部不适，休息后即可改善。反复发作后，有跟骨内侧和足底麻木感或蚁行感。严重者出现足部内在肌萎缩，轻叩内踝后方，足部有明显针刺感，当足极度背屈时，症状加重。

2.治疗

（1）药物外治法　可用万应如意膏加少许麝香外贴。

（2）药物内服法　经X线片证实跖管内有骨刺者，可内服骨刺散。

（3）按摩法　由他人按摩。先让患者取仰卧位，将患肢外旋，按揉小腿后侧，沿胫骨后，经内踝后方直至足弓，用拇指按摩法，再用弹拨法沿上述路线治疗，弹拨要与肌腱成垂直方向进行，同时配合踝部内、外翻和屈伸活动，最后用擦法，以透热为度。

四、足跟痛

1.病因与症状

足跟乃督脉发源之地，足少阴肾经从此所过，若三阴虚热则足跟疼痛，宜用大剂量六味地黄丸料煎服，以峻补其真水，若疼久不愈肿溃流脓者，宜服八珍汤，以大补其气血。

足跟痛有三种分类方法。

（1）按发病原因分类

1）跟骨骨刺型　常表现于早晨起床后，脚不能落地，落地疼痛较重，稍活动后疼痛减轻，行走过久疼痛加重，跟骨跖面跟骨结节处有压痛的特征。

2）外伤型　常表现为局部无红肿热烫而仅有痛者。

3）寒湿型　发病诱因是，在晚上洗足后，常有赤足穿拖鞋的习惯，日久造成足跟气血阻滞，不通则痛。常表现为一直疼，活动后不减轻。

（2）按发病部位分类

1）足跟脂肪垫炎　跟垫发炎，跟骨跖面疼痛、肿胀，足跟负重区内侧压痛，部分高龄患者局部可触及纤维块。

2）跟部滑囊炎　跟骨下、跟骨后、跟腱后滑囊发炎，局部疼痛、肿胀、压痛，感染可引起红肿。

3）跟腱周围炎　跟腱后疼痛、肿胀、压痛、摩擦感，炎症波及腱鞘踝关节，则背屈、跖屈可加重疼痛。

4）跖腱膜炎　跟下或足疼痛，足底紧张感，跟骨关节前缘压痛，牵扯跖腱膜，可使疼病加重。

2.治疗

（1）按摩法　引起足跟痛的疾病，即可应用按摩疗法，由他人帮助完成。患者取俯卧位，先从足跟部沿跖腱膜按揉数遍，再用拇指弹拨跖腱膜，重点放在跟骨附着点周围，按压然谷、太溪等穴，然后沿跖腱膜方向用擦法，以透热为度。

（2）药物外治法

1）足后跟病外熏洗方（一）

足后跟病外熏洗方（一）

麻黄、制川乌各20克，制草乌、制乳香、制没药、地龙、赤芍、白芍、延胡索各10克，桂枝、丹参各15克，红藤30克。

加减：跟骨骨刺型加寻骨风、透骨草；外伤型加桃仁、红花、忍冬藤；寒湿型加附子、干姜、细辛、薏苡仁。

用法：将配方药加水4 000毫升，煎至2 000毫升时开始熏足。煎至1 500毫升时，降温至50℃，将患足浸于盆中，同时用药渣擦洗患部，浸泡30分钟即可。用干毛巾擦干患足后，立即穿上鞋袜，以免受风寒。每天浸洗2次，一剂冬用3天，夏用2天，10天为一疗程。

2）足后跟病外熏洗方（二）

足后跟病外熏洗方（二）

伸筋草、透骨草、昆布、海藻各50克，苏木、制乳香、制没药、木瓜、桂枝、川芎、五加皮、川牛膝、防风各20克。

用法：将配方药加水2 000毫升，浸泡30分钟，煎沸15~20分钟。将药液滤入盆内，先熏后洗，待药液温度适宜时，浸泡足跟，并用毛巾浸药液不断敷揉，每次浸泡30分钟，若药变凉可稍加温后再洗。每天2~4次，每剂药煎2次，连用3天。

辅以推拿按摩：熏洗完毕后，让患者俯卧，足跟向上，术者以双手拇指指腹从跟骨结节处向四周理筋按摩，由轻到重，再以空心拳叩击，力度以患者能耐受为宜。治疗期间穿软底鞋，避免奔跑等剧烈活动。10天为一疗程。

（3）药物内服法　体力虚弱、体格肥胖、卧床日久，引起足跟皮肤变软，跟部脂肪纤维垫萎缩，可造成站立和行走时跟底疼痛。产后妇女多见这种性质的足跟痛。中医学认为足跟痛与肝肾亏虚、阴血不足、风寒湿邪侵袭有关，使用中草药治疗有明显的效果。

属血虚受寒者，用养肝汤加味，一般服用4~5剂即可见效。

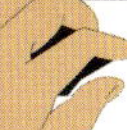

养肝汤加味

当归10克，熟地黄24克，白芍10克，川芎10克，麦门冬10克，炒枣仁10克。水煎服。

属肾虚受寒者，用桂附八味丸加味，4~5剂即可见效。

桂附八味丸加味

熟地黄24克，山药15克，山萸肉10克，牡丹皮10克，茯苓15克，泽泻10克，肉桂6克，附子6克，独活10克，细辛6克，当归10克，秦艽10克。水煎服。

因肝肾亏虚，感受风湿侵袭而致者，用独活寄生汤加减，一般3~5剂，症状会明显减轻。

独活寄生汤加减

独活10克，桑寄生10克，当归10克，川芎10克，桃仁10克，红花6克，威灵仙10克，秦艽10克，杜仲15克，川续断10克，鸡血藤15克。水煎服。

五、足前部痛

1.病因与症状

足前部痛是较常见的足病，可由足前部扁平(横弓塌陷)、跖骨疲劳性骨折、跖趾神经炎等原因造成。

（1）足前部扁平　最常见的病因是足横弓扁平，跖骨头下方承受过度的重力，就会引起足前部痛。检查可见当足前部张开时，外形比正常足宽，足趾常呈蜷曲状，患者不能用足趾向下将跖骨头从地面抬起。

（2）跖骨疲劳性骨折　慢性损伤、长期集中的应力是造成疲劳性骨折的条件。运动更易得此病。长时间运动或剧烈运动后通常出现足前部疼痛，休息数秒后可消失。在随后的训练中，疼痛会越来越重，以致不能运动，甚至躺在床上都会有疼痛感。触及肿胀部位可引起疼痛。

（3）跖趾神经炎　跖趾神经疾患，特征是足前部痛，常伴有第三、第四趾放射痛。中年妇女多见。将鞋脱掉，挤压或按摩足前部可解除疼痛。

2.治疗

（1）加垫法　足前部扁平可用海绵鞋垫以支撑足弓，将所受重力分散到各跗骨底面宽阔的掌面上。

（2）药物外治法　跖骨疲劳性骨折和跖趾神经炎都可用万应如意膏贴敷，以促进骨折愈合和炎症消退。

六、足劳损

1.病因与症状

足劳损是指亚急性和慢性跗间韧带劳损。多见于不习惯过久站立的人，也可继发于扁平足。长距离的行走或久站后，足或足与小腿后面出现酸痛，足痛的部位主要在跗跖关节区，通常沿足底内缘及足背向远端扩展。比较严重时，可出现足底跗间韧带压痛。

2.治疗

（1）按摩法　先以拇指沿足背和足底揉按，再以拇指按压承筋、三阴交、申脉、然谷、筑宾、涌泉穴，然后以掌擦足背及足底至透热，足部疼痛很快消失。如果病情很重，则需多做几个疗程。

（2）药物外治法　以万应如意膏贴敷，对缓解疼痛、促进跗间韧带炎症的消除都有明显的效果。

对症状严重者，可经常交换站立的动作；如因扁平足而继发者，可矫正扁平足。

七、痛风

痛风是一种和尿酸代谢障碍有关的病，在临床上以血清尿酸过多和屡次发生急性关节炎为特征。属于中医“痹证”、“白虎历节风”的范畴。

1.病因与症状

病因目前不太明确，如饮酒过度、手术感染、过分疲劳、精神创伤、某些药物等都有促成关节炎骤发的作用。病理变化完全由尿酸盐类在组织中沉积所造成，主要病变发生在关节组织内，尿酸钠沉着于关节软骨面，日久可形成痛风石。急性发作期关节液增多，内含尿酸钠晶体；后期，关节变形、功能障碍。

中医认为，本病因平时过多食膏粱厚味，以致湿热内蕴，兼受风寒外邪，侵袭经络，寒邪化热，湿热生痰，流窜肢节，阻滞气血经络，故见局部红肿焮热，疼痛剧烈；若风邪偏盛，因风性“善行数变”，故痛无定处，历节游走；病久伤肾，肢节失养，故见畸形僵硬，甚则溃烂。

诊断要点：①好发于男性，跖趾关节，其次常累及指、趾关节和腕、踝、膝、肘关节，初期为单个关节发炎。②急性期起病急骤，多于夜间痛醒，受累关节红、肿、热、痛，伴有发热(38~40℃)。年轻患者多发生游走性多关节炎，数天或数周症状渐消，数月或数年后再发，即渐转入慢性期。③慢性期关节肿大、肥厚、畸形及僵硬，有大痛风石时，关节常溃烂，由伤口排出白色尿酸盐结晶，耳轮或耳垂也可有痛风石。

2.治疗

（1）急性期

主证：发热，头痛，心悸，关节剧烈疼痛，或呈游走性，局部红肿焮热。舌苔白腻。

辨证：风湿热邪阻痹关节。

治法：清热利湿，散风活络。

方药：清热利湿加减。

清热利湿加减

防己18克，防风18克，威灵仙18克，白术18克，泽泻18克，忍冬藤50克，连翘25克，萆薢18克，茯苓25克，丹皮18克，黄柏18克。

（2）慢性期

主证：关节畸形僵硬，活动失灵，或局部溃烂(有白垩状物从伤口排出)，疲乏，厌食。舌苔薄白。

辨证：脾肾两虚，营血不足。

治法：温补脾肾，养血和营。

方药：右归丸、参苓白术散合方加减。

右归丸、参苓白术散合方加减

党参25克，茯苓18克，补骨脂40克，白术18克，杜仲18克，桂枝18克，桑寄生40克，当归18克，阿胶(烊化)18克，熟地黄25克，牛膝18克。

第四章 望甲识斑巧诊病

关注自己的健康，从细微的观察做起。

不知病之将至，此人天也。

在日常生活中，人们对身体上的许多异常现象和微小变化都不留意，尤其是脚部的疾病，小痒小疼总是疏忽大意。观念上的滞后，往往使脚病错过了宝贵的治疗机会，最终造成严重的后果。世界卫生组织秘书长讲过“人不是死于疾病，而是死于无知”，许多人的脚病发展到很严重的时候才发现，不得已才去治，这是“无知”的表现，作为修脚师一定要提醒每一个客人——关注自己的健康，从细微的观察做起。

人的指甲就像一棵树上的叶子，指甲下面的毛细血管极为丰富，微循环密集，末梢神经敏感，指甲是人体的一个全息缩影，所以指甲的状况能够反映出脏腑器官的生理变化。人的健康因人而异，没有一个统一的准确的标准，人有很强的生存耐受能力，一般不痛不痒的疾病很容易忽视过去。

一般来说，很多疾病发出的各种信号，多少都与内脏器官有关联，尤其是内脏有问题时，手足指甲同时发出信息。（手掌是最早接收到内脏信息的）

我们经常会说，某人身体挺好的，怎么说病就病了，突然住院就不行了呢？其不知，很多病不是不能治疗，而是发现太迟，错过了治疗的有利时机。大部分人得了病，只能请医生给予诊断与治疗，而不能自己诊断，把疾病消灭在萌芽期。

望甲诊病，是自查疾病最简单的方法之一，简单实用，好记，易懂，很值得推广。指甲上的气色形态，时刻发生着变化，随时都能反映机体的健康状况，古时候有位高人曾说过这样两句话，第一句是“不知老之将至，此人寿也”，也就是说，自己不觉得自己老的人，定能长寿。心理上经常使自己处于年轻的状态，心态上平和一些、乐于助人一些，思想上没有任何压力和烦恼……这是长寿的秘诀，俗谚说：不做亏心事，不怕鬼叫门。第二句话是“不知病之将至，此人夭也”。也就是说：疾病早期已给你很多信号了，你却不能及时发现，早期治疗，一旦病得不行了，才去治疗，为时已晚矣。

那么，怎样望甲诊病呢？

第一节　指甲部位名称

一、修脚师解析指甲区

指甲属于骨质组织，坚硬且有韧性，是人类必不可少的一个重要器官。

1.关于指甲的术语

指甲最前端，指甲与软组织交界部分称为皮缘。指甲前端与内粘连的边缘部位称为甲缘，修脚师叫青线。指甲可分三部分，即甲前，前1/3区域；甲中，中间1/3区域；甲根，后1/3区域。甲两侧称为甲侧。指甲根与皮肤相连接处有薄而整齐状如细带样的组织，称为皮带，皮带后面与高于皮带的部位与关节连接处称为皮囊，其他部分称为软组织。

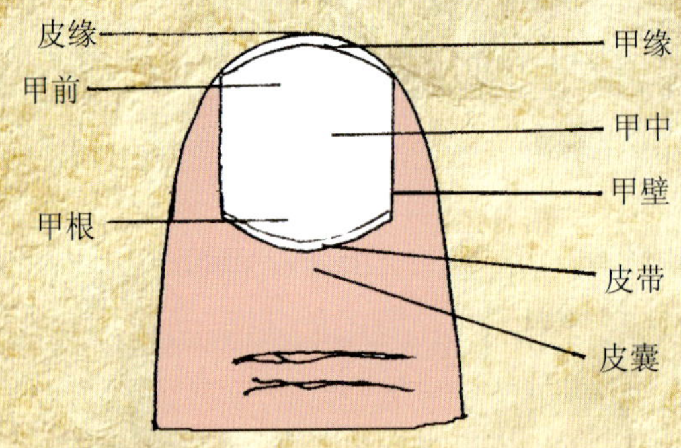

2.指甲各区对应的脏器

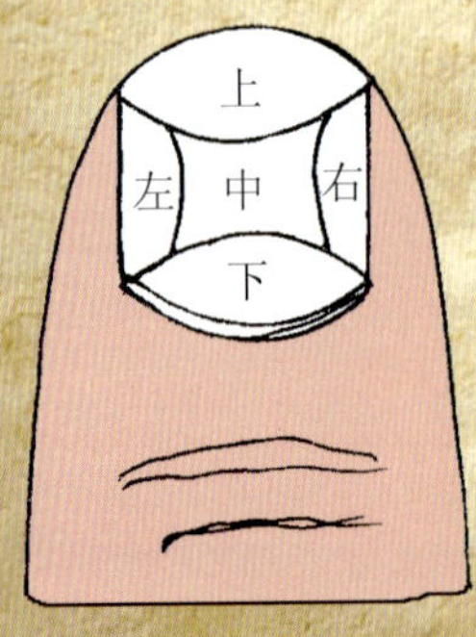

上区，位于指甲远端部位，对应于心脑血管疾病。

下区，位于月牙部位，对应于肾病。

左区，位于指甲的桡侧；右区，位于指甲的尺侧。左右区对应于肝胆疾病。

中区对应于脾胃病。

二、正常的指甲

正常人的指甲除男女大小有所区分外，其余颜色形状基本相同，甲板呈长方形，也可略呈方形，表面光洁、平滑，略成弧形，饱满，润泽，呈淡白红润状。正常甲板内泛红润之色，此乃甲床血管的颜色透过甲板而形成。甲板色泽较均匀一致，有较轻微的平行纵纹，指甲根部有乳白色半月牙，一般不超过总长度的1/4，边缘整齐，前部有淡红色的弧线，后面接甲壁，两侧接甲沟，弧线隐约可见，甲皮与周围皮肤粘连完好，其皮带有光泽出现，大小一致。未见有分层表现，和甲紧密粘连。甲周皮肤柔软，未见撕裂、倒刺。正常人指甲甲质较坚韧，不易折断，厚薄适当；小儿指甲较薄而软，较红润；老年人指甲变得微厚干枯而脆，有轻微竖纹，不平滑，多少会有些斑点。

第二节　指甲与健康的关系

一、竖纹多的指甲

中医辨证：指甲竖纹较多者，属于指甲营养不良症，常见于肝血虚症，肾阴虚症，消化不良或先天性指甲发育不全。

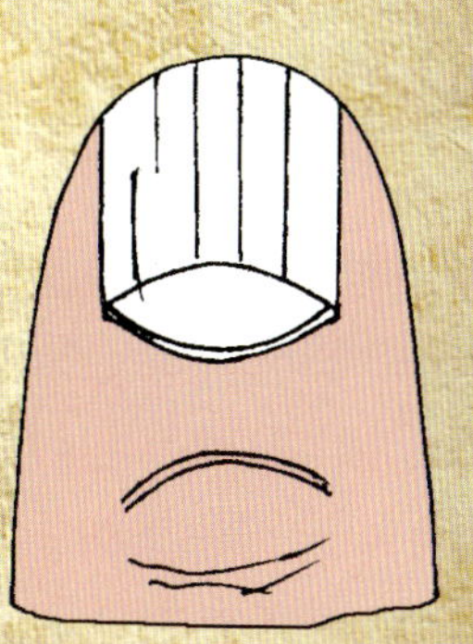

竖纹特别明显者，往往说明身体曾经有过大的疾病。

颈椎病，指甲上粗凸条变，纵横相交的小条纹变，最终形成明显的像格子样的条纹状。

二、横纹多的指甲

横纹多且细者，多见于消化系统疾病，饮食稍不注意，就会出现腹痛、便溏等慢性结肠炎症状。

当指甲上出现横纹较粗较深时，横纹的位置根据指甲的生长速度有半年一换的特点，如果长到指甲的一半有横纹，则说明三个月

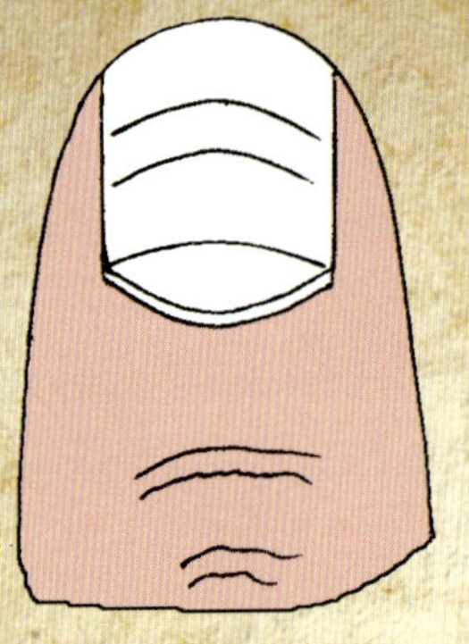

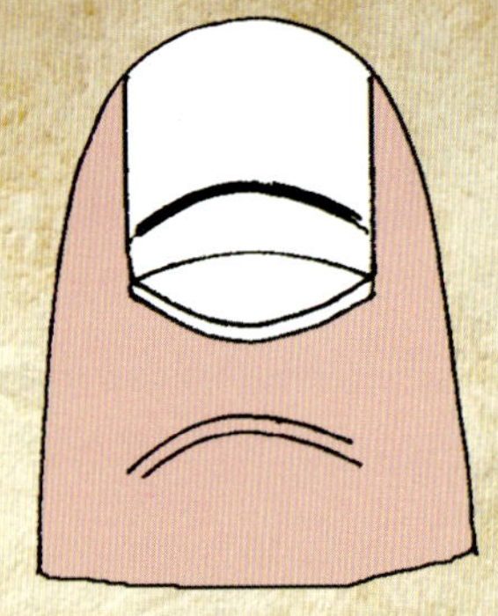

前曾经有过一两次肠胃炎、盆腔炎、泌尿系统炎症。一般来说横纹又细又多的多见于慢性肠胃疾病，横纹深粗的多见于急性肠胃疾病或乳腺增生问题。此外，维生素A、维生素B缺乏症，长期患肝病的人，也有横纹出现。横纹明显凸起则反映心脏问题。

中医辨证：指甲的表面呈横形凹陷，甲板透明度降低，临床常见于气虚血亏症，肝血不足症，邪热肺燥，肝病外伤，以及心肌梗死的先兆。

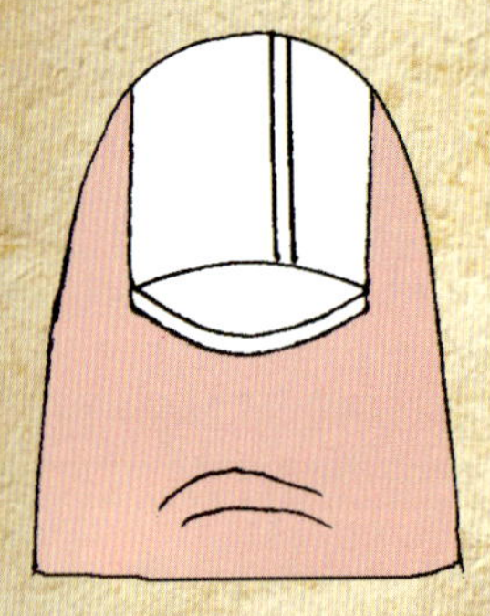

三、竖沟甲

甲板中间出现明显的竖沟纹，显示患有营养不良症或呼吸系统疾病。

四、横沟甲

甲根或甲体中间出现一条或数条横向凹陷的沟槽，或者波浪状，表面无光泽，随着指甲的生长逐渐移至甲缘处，临床上常见于热性病，如肺炎、麻疹、猩红热，通常会出现热邪伤阴、邪热肺燥、肺气郁结、气虚血瘀等症。

甲面中央处凹下低于四周，甲面上可见凹点与纵纹、横纹，甲下色不均匀，提示肝、肾功能欠佳，易于疲劳，精力不充沛，也易患不孕不育症。

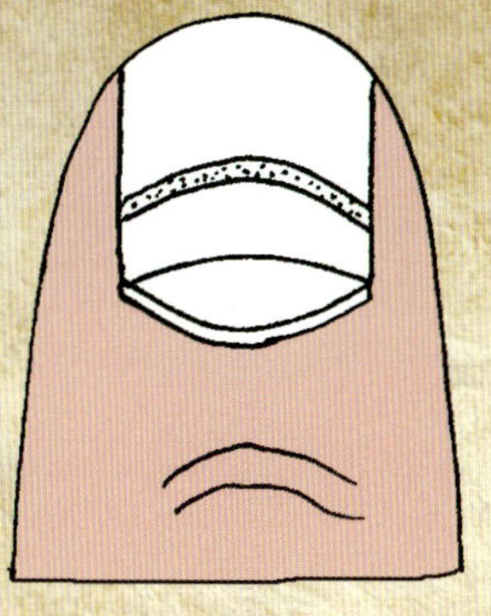

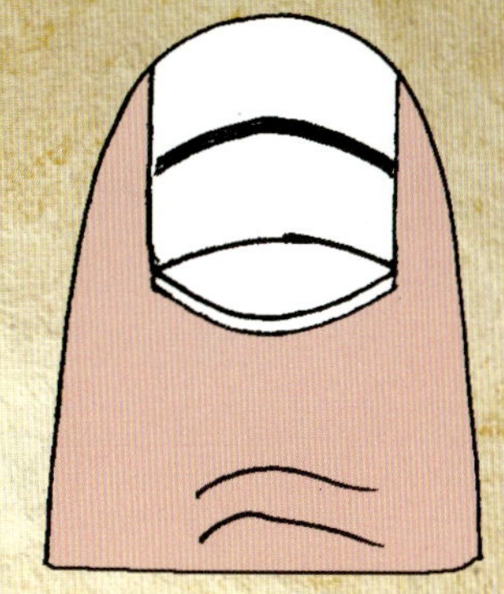

五、指甲白斑点

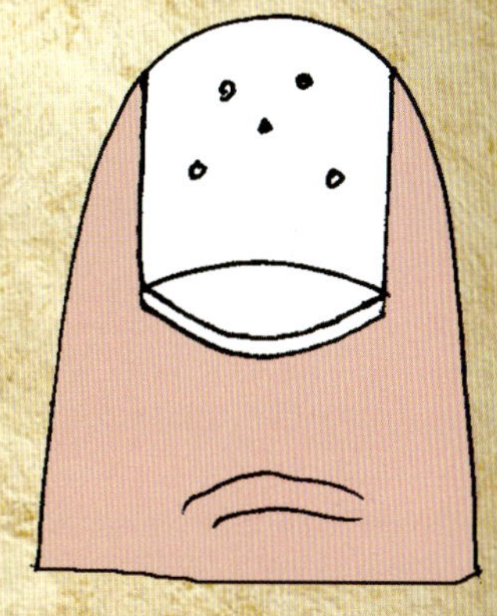

（1）白豆状　点状白点称为白点状。多对应体内发生的急性小病灶，消化不良，成年人多见于肝功能受损。乙肝慢性病人、长期体力透支者、性功能低下者、性冷淡者，指甲上常见这种白豆状白点。小孩子多见于肠胃积滞、消化不良、或虫积或缺钙、习惯性便秘、肠胃紊乱。

（2）白斑变

指甲上出现不规则的白色斑块，称为白斑变。若暂时性出现，提示为腹泻；若反复出现，提示为虚体性患者；若白斑长期不退，则与功能性症状有关，一般为钙、铁缺乏症，有的人表现为轻微的心律失常，性功能低下。

白斑的出现有四种情况：一为冻伤。二为银屑病（严重者）。三为肠道功能紊乱，消化功能异常。若指甲甲面有一种白斑状小指皮囊发红变肿，提示此人正患泌尿系统的结石病，表现为腹痛、腹泻。四为性功能低下、阳痿、早泄。

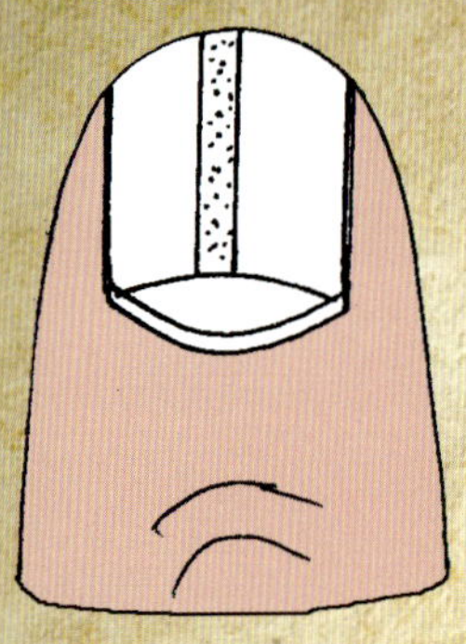

（3）白条变

指甲中部出现一条宽而微实的白色直条状改变者，多见于中指甲上，应检查，多见乙状结肠息肉以及膀胱内膜病变。

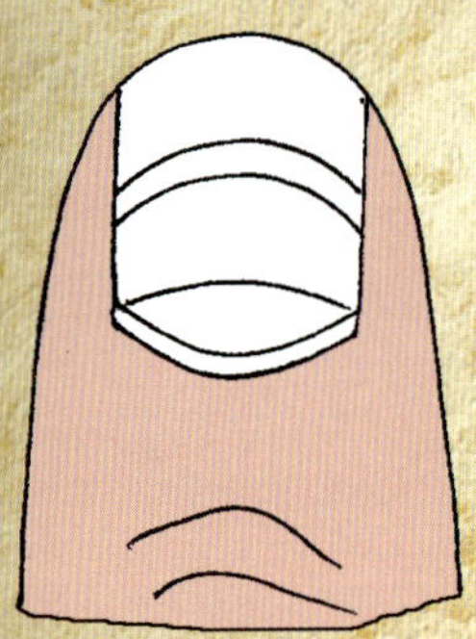

（4）白带变

指甲中部出现一条横弧形的白色带状，提示鼻旁窦部先天性畸形或轻度炎症性病变，且以额窦、筛窦部病变为主。若见四个指头出现者，则会有头昏症状。

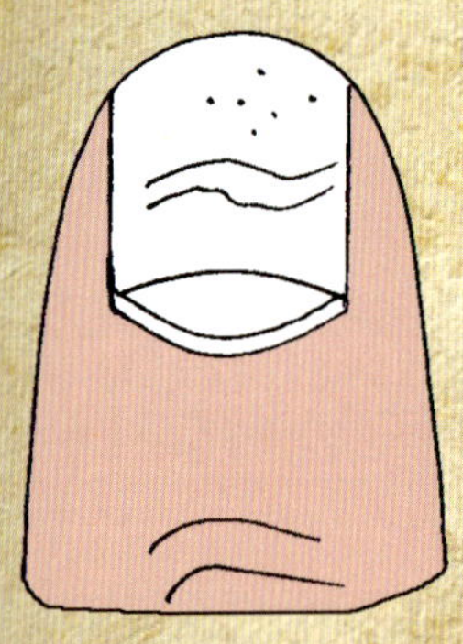

（5）浪花变

指甲中部出现如浪花一样凹凸不平并发白的片状或点状现象的，可能有甲状腺功能亢进、甲状腺炎。

六、瘀黑斑点

指甲上出现瘀黑斑点时，是脑部血液循环发生障碍的前兆，一般右手指甲出现黑斑点，表示左脑有问题；左手指甲出现黑斑点，表示右脑有问题。因此指甲容易产生黑斑点的人，务必预防脑部疾病的发生。

手臂有很多白斑，要注意肿瘤的发生。

七、甲上红变

拇指指甲面变色（呈红色）部位几乎占全甲的1/2，白色月牙有鲜红斑块状，提示有慢性咽炎、扁桃体炎，因感冒而引起的急性发作。

红变出现的部位有两处，一处是甲下血管床的变化，因充血部位、形态以及深浅的不同，在指甲上观察到的红色也各不相同，有斑、块、带、线、点的不同改变。红色不管是多少粗细均提示机体有炎症、瘀血、充血。另一处是皮囊处的红变，主要与肝脏、月经等有关。

具体表现：

（1）十指指前端

出现一条粗红线的红色条纹者，提示正患轻度大肠、小肠、回盲部炎症性病变，以及出现腹泻。如红线宽度相当于指甲长度的1/6 ~ 1/5，提示患房室间隔缺损、心内膜脱垂症以及胃肠道炎症性疾患等。

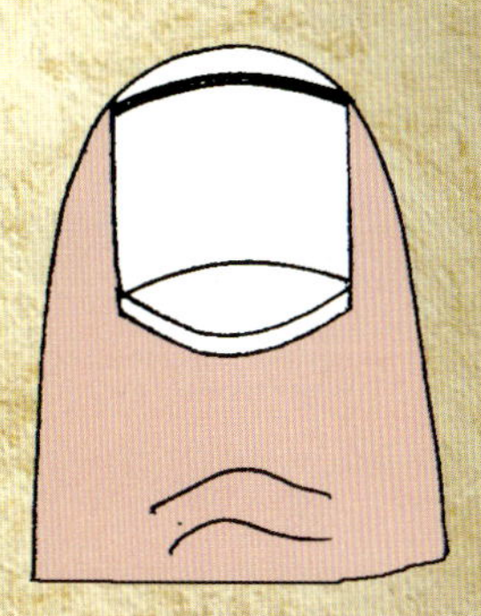

（2）十指指甲前端

出现一条细红线，此人正患肠胃炎或头痛、神经衰弱。

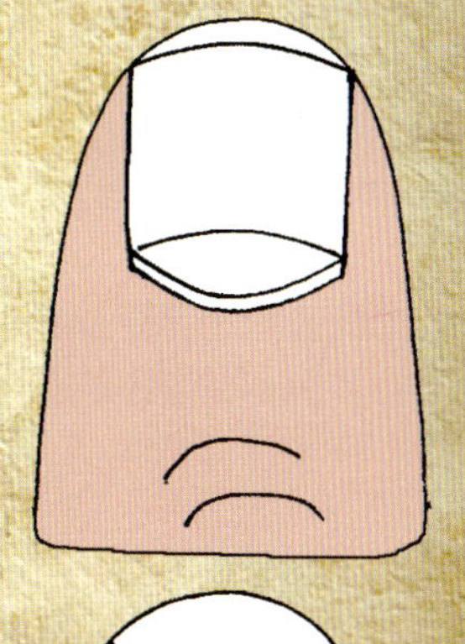

（3）十指指甲甲身

如出现两条横弧形红色条变，称为双红线，提示由于精神高度紧张而造成心神不宁、头痛、头晕、失眠以及狂躁型精神分裂症等疾病。

（4）红斑变

其指甲上可出现斑块状的红色改变，称为“红斑变”，提示有炎症性充血、出血的病症存在。

根据红斑出现的大小不一，可分以下四种。

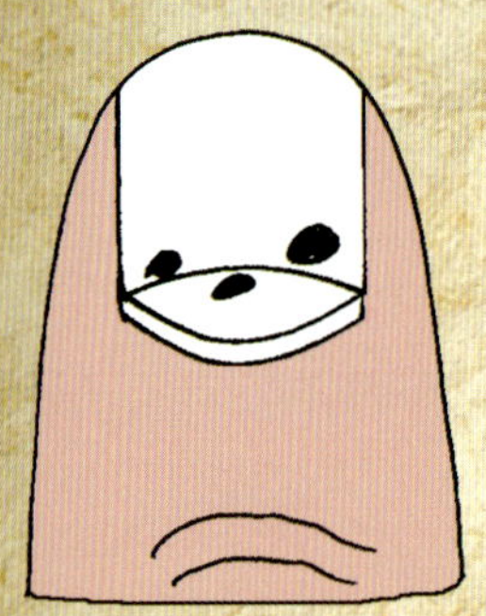

第一种：甲根变。大小形态不一，提示脏器有炎症性充血、充血性心肌炎、盆腔炎、胃炎等病症。

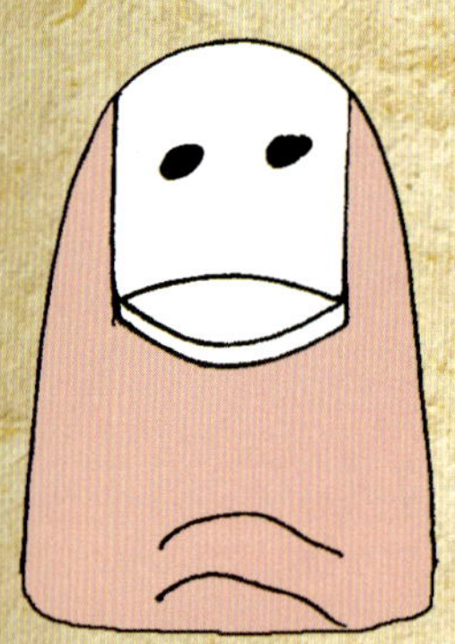

第二种：甲中变。若中部出现形状各异的红色斑块，提示机体部位损伤、炎症、充血、出血等，如胃、十二指肠。若红变与甲皮分离同时出现，则提示患直肠炎、内痔等。

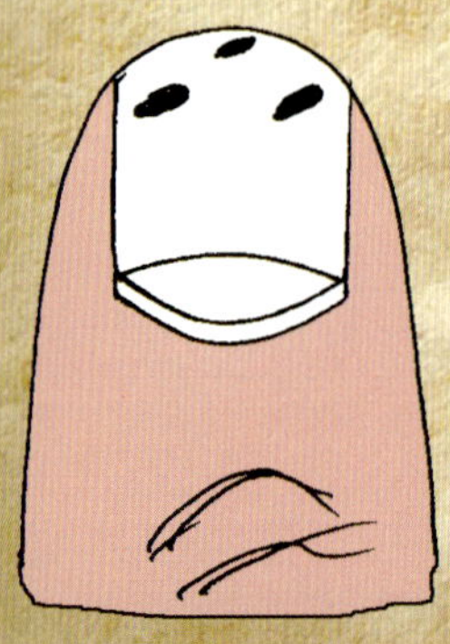

第三种：甲缘红斑。提示机体相应部位有炎症充血、出血，红斑的大小提示其病变部位的大小，颜色的深浅提示其病情的轻重，如牙龈炎、牙髓炎、胰腺炎信号。

十指甲前端有片状红带出现，提示患有胰腺炎，临床发现有些胰腺炎患者中指甲还出现不规则的紫色斑块状。

第四种：圈状红斑变。若在指甲中间出现几个红色圆圈，淡浓不一的红色斑，提示胸肺部有特殊的病变

八、异色中断线

若中指甲面一侧有几条异色中断线，询问在未患感冒时拇指白色月牙发红色，有时上腹左侧或肚脐周围有钝痛，提示此人患有慢性胰腺炎，或提示反复发作的炎症、营养不良或微量元素缺乏等。

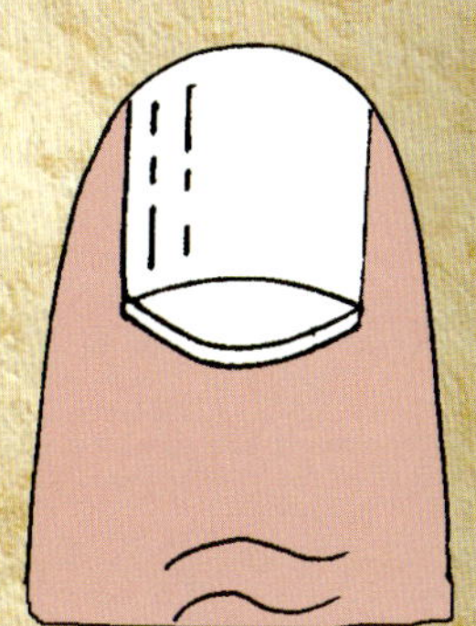

九、白环前红变

若在白环的边界上见其红色由深而浅，称为“白环前红变”，提示机体内部出现自身中毒表现，如血小板减少症等病症。

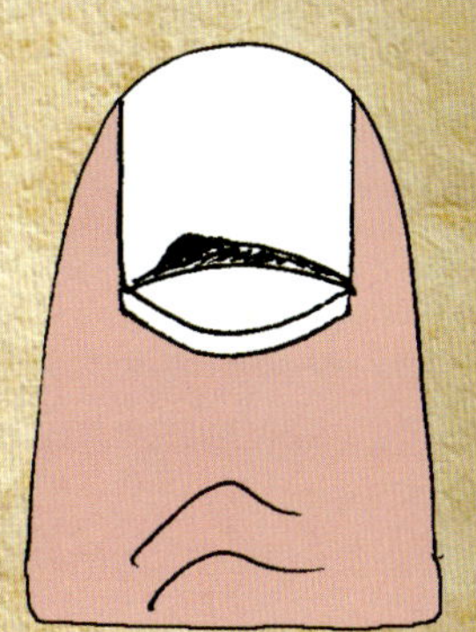

十、黑色变

若在指甲上出现黑色的条纹或斑块，形态不一称为“黑色变”。提示过度疲劳，休息时间不足用脑过度，体力透支严重，营养不良，胃下垂，胃癌，子宫癌等。黑色度较为明显与维生素B_{12}不足有一定的关系。

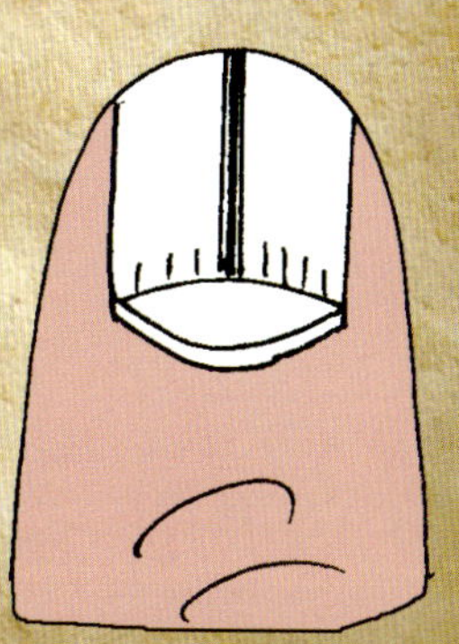

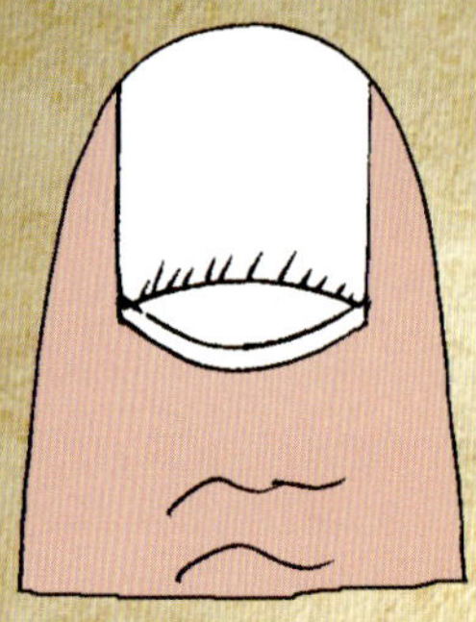

十一、纵黑色露苗

十指甲面白色月牙处出现有纵黑色露苗小线向上放射，提示此人已患恶变病，临床发现妇科癌症多见。

十二、黑块变

甲有不规则的黑斑块出现，指甲多不平整，显示所患疾患较为严重，如严重的贫血、营养不良、内脏下垂、碱中毒、肝癌以及中晚期胃癌等。

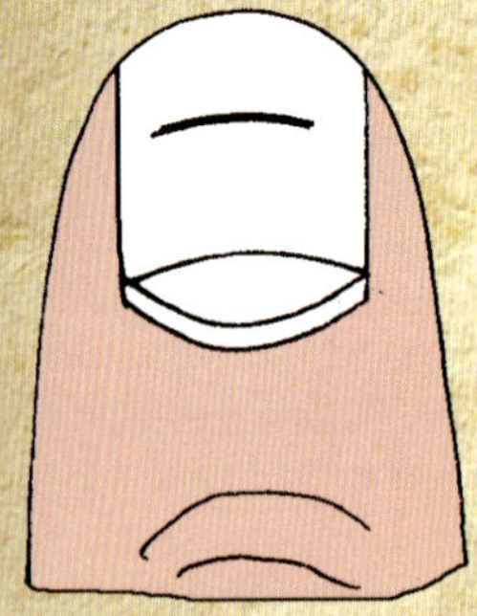

十三、黑线弧变

甲中部有一黑横弧线，显示患者的胆囊胀大2～3倍。

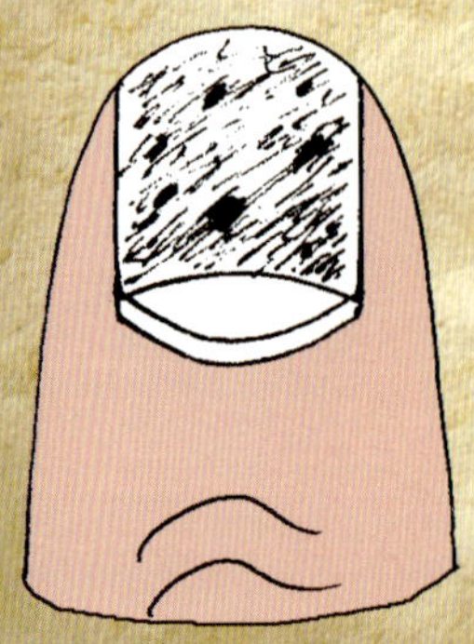

十四、甲面干巴灰色变

十指甲面干巴呈灰色变，甲面下又有数朵小黑斑点者，提示此人已患恶变病到中晚期。

十五、纵黑色线纹变

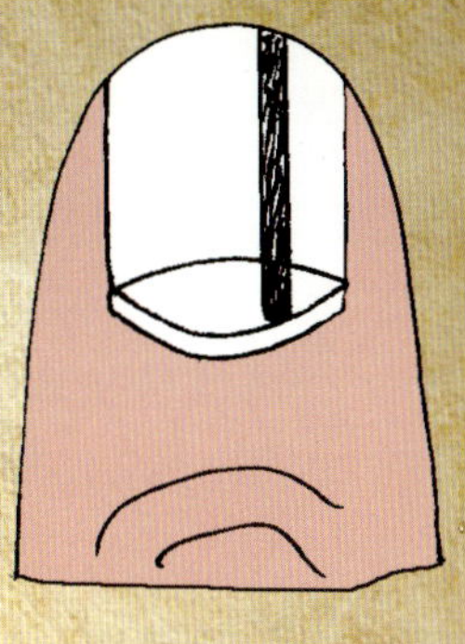

拇指指甲上出现一条不凸起的纵黑色线纹，提示甘油三酯高、血黏度高、脑动脉硬化信号，或慢性支气管炎、肾囊肿、脾脏异常等。

十六、乌云状黑斑块

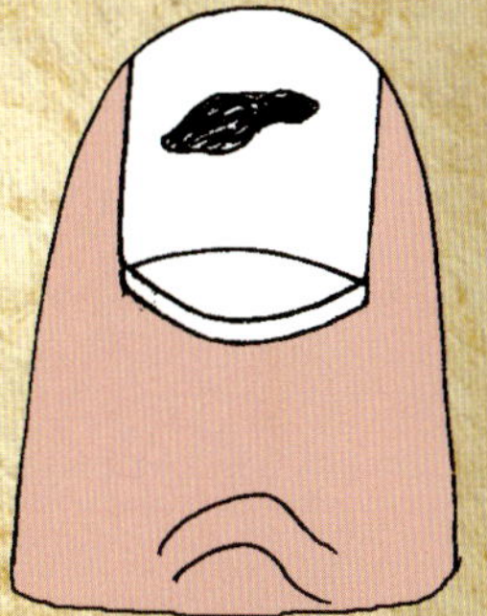

多数指甲甲面中央若出现有乌云状黑斑块，提示此人患肝恶变信号。

十七、青黑色变

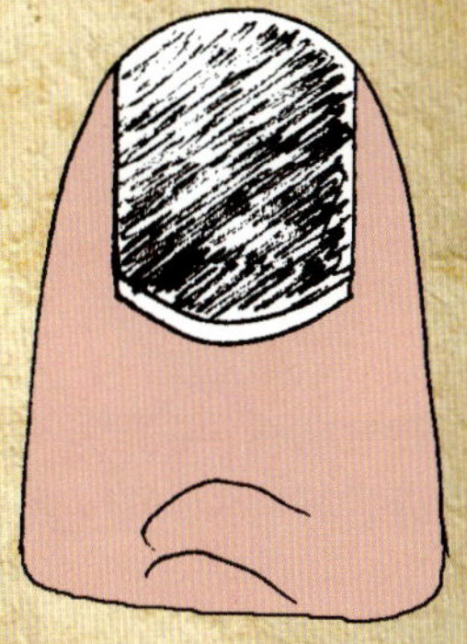

十指呈青黑色，提示此人体内有严重的瘀血阻滞。

十八、皮囊红肿胀倒刺变

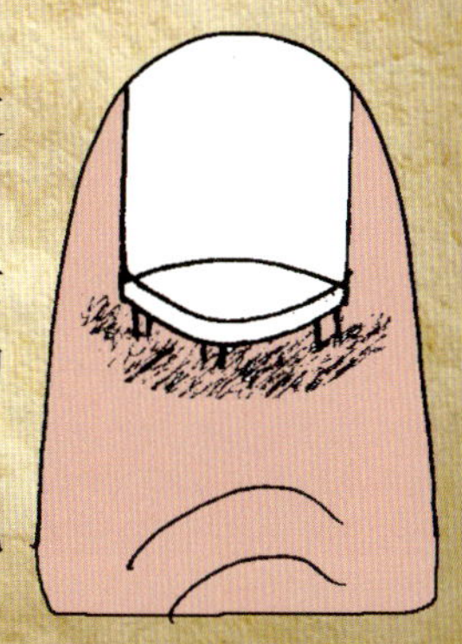

1）皮囊红肿胀倒刺变，若见甲周皮囊及皮肤红肿，且同时有倒刺，提示此人近期心火、胃火旺盛，或心脏神经官能症，以及合并有溃疡、胃炎，并有蛋白尿、血尿等实质性器官的损害表现。

2）如指甲皮囊处，出现倒刺，无红肿现

象，提示此人腰部肌肉出现轻微的损害，8%的患者可出现不舒服的感觉，也有少部分患者出现疼痛的感觉。

十九、甲面中央发白色变

指甲甲面中央发白色，提示此人正患胃疾。

二十、甲面呈黄色变

指甲甲面呈黄色，提示此人正患肝、胃或子宫疾患。

二十一、甲面发蓝变

指甲甲面发蓝，提示此人心脏功能障碍，临床发现其人双唇也发紫蓝色。

二十二、硬指甲

硬指甲，指甲硬而脆，易折断，表示消化系统问题，或营养不良。

二十三、软指甲

软指甲，指甲软而薄，表示有慢性消化性疾病，肝血和精力不足。

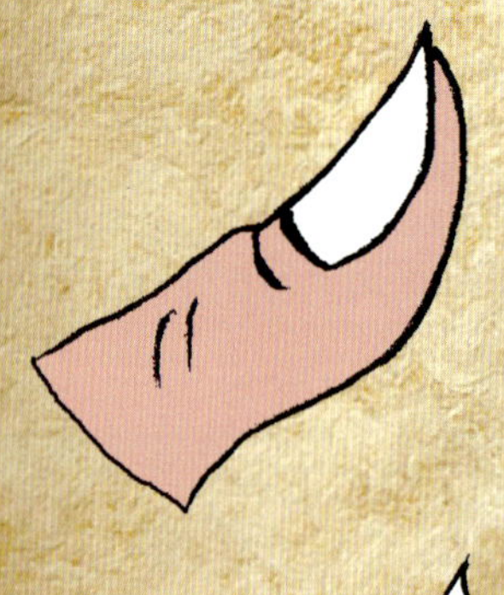

二十四、翘变甲

翘变甲的出现表示易患慢性咽喉炎、上呼吸道感染，经常发作并伴有性格改变。

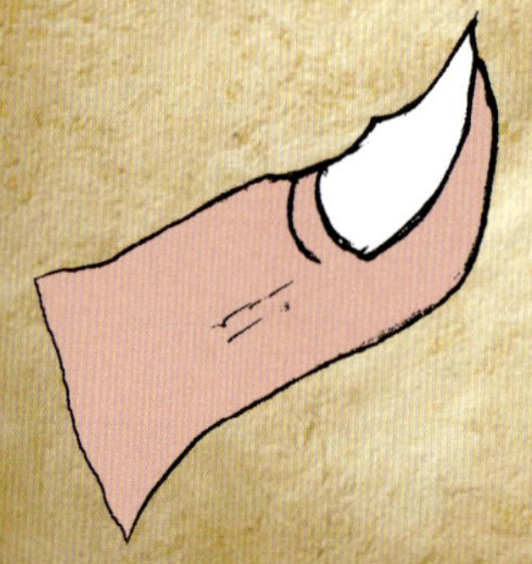

二十五、弯曲变

指甲中部突起，前后较低，整个指甲呈隆起状，称为弯曲变。若再见整个指头肥大者，提示患慢性阻塞性肺气肿，表现为呼吸困难，频率增加，走路上楼梯时尤为明显。

二十六、横行状凸变

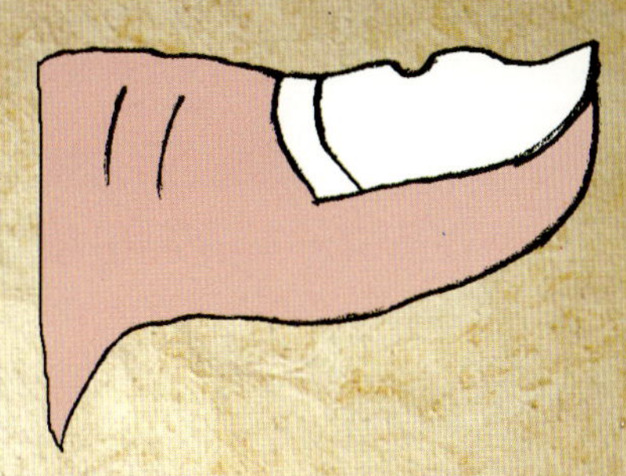

指甲上出现横行或横弧形的隆起变化，呈一条或两三条似波浪状，表示体内有较重的病变存在，其病情时好时坏，连年不愈，腹腔内肿瘤也可能出现。

二十七、甲后根凸变

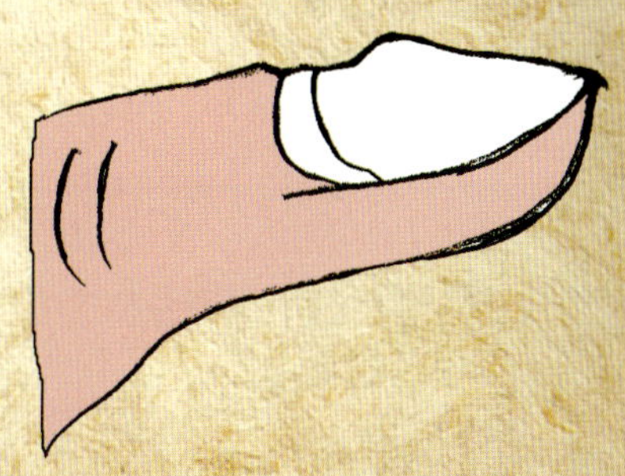

甲后根凸变，指甲中部隆起而两头偏低，体内一脏器呈代偿性肥大，如肺气肿、肝大、心脑组织肥大等。

二十八、指甲盖小症

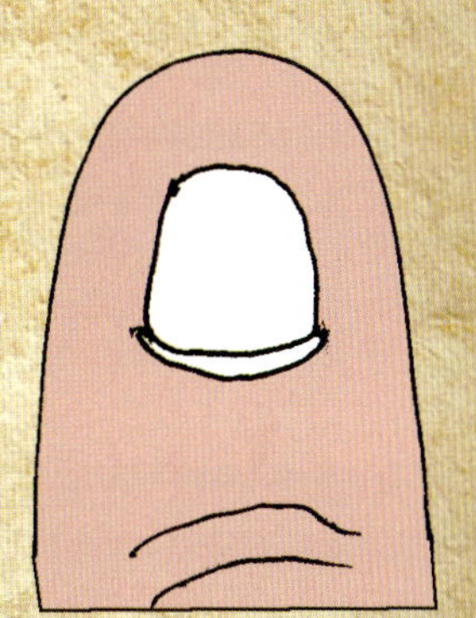

指甲盖小症，俗称肉包甲，指指甲盖小而深入肉内，指头肚特别肥大，轻者嵌甲，重者指甲向肉里扎，修甲不当时会出现疼痛，长时间会形成甲沟炎，胬肉高出，发炎，有脓，腥臭，无法行走。如甲体短于末节指二分之一以上者，易患心血管疾病、肝病、糖尿病、神经衰弱等。

二十九、大甲症

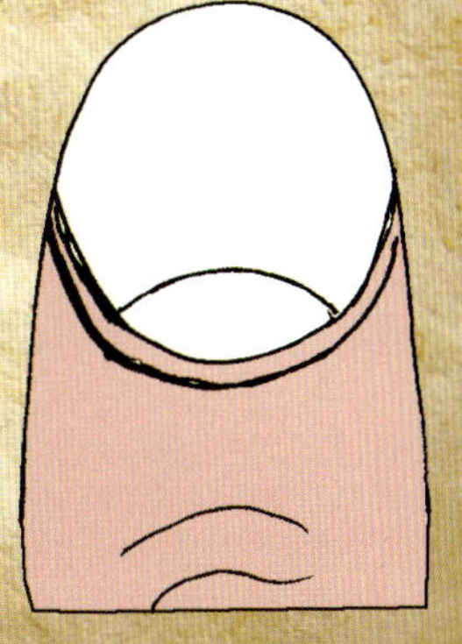

指甲板肥厚增大，易患肢端肥大症、慢性腹泻、肝硬化、剥脱性皮炎、呼吸道疾病、真菌感染等。

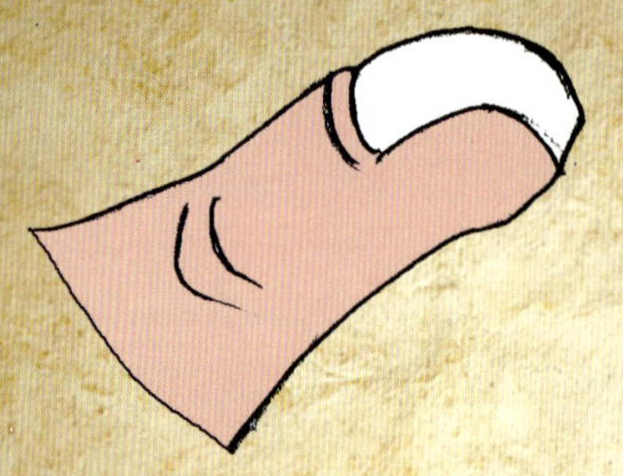

三十、鹰爪甲

鹰爪甲，若见指甲弯曲在45°以上者，提示此人肾脏为先天性畸形，且以多囊肾最为常见，先天性心脏病患者也会出现此种甲特征。

第三节　甲损伤与人体斑点

一、不规则甲损伤

1.啃缺甲

一般常发生在少年时期，自咬甲缘，使其残缺不整，呈锯齿状，严重的甲板上出现轻重不同的损伤，甚至见甲下出血等。成年后大部分经教育可改变这种不良习惯，但有少数人不能改变。在临床上常见于小儿疳积症，肠道寄生虫病，以及内向型性格的人。

2.浑浊甲

指甲失去正常光泽，呈浑浊污秽状改变，但又不是灰指甲，这种指甲提示机体严重营养不良或贫血，血管发生了痉挛或有血细胞增多症、维生素缺乏症、气血双亏症、外伤等。

二、人体斑点

大部分老年人体表都有许多斑点，其中主要是黑斑、白斑、血痣。斑点与人的健康也有密切的关系。

（一）白斑

形状大的如黄豆大小，小的如芝麻大小，多见手臂、腿，脸上很少见。白斑提示内脏毒素的积滞，容易发生肿瘤、癌症方面的疾病。白斑越白越毒，多见于肿瘤病人，白癜风则不属于这种白斑。

（二）黑斑

俗称老年斑、雀斑、黄褐斑，多见于手背、脸上。黑斑提示血脉瘀血的积滞，黑斑越黑越瘀，容易发生心脑血管的疾病，多见于心脑血管疾病的老年人。黑斑并不是什么寿斑，反而俗称“棺材斑”。

（三）血痣

血痣形状大的如黄豆，小的如小米，就像一种血疱，常见于胸肋、手臂和下肢，多见于脂肪肝、慢性肝炎、胆囊炎的病人。

痣是先天形成的，分红痣、黑痣。一般终身不变，红痣是人体气血的精聚，所以红痣吉，但血痣则不一样，虽是后天形成，对人的健康影响却很明显。

（四）黑痣

是人体气血的凝滞，表示黑痣所在的部位气血衰弱，流通不畅，容易阻滞，所以黑者凶。

不论什么形态颜色的斑，根源都是体内不同废物积滞的外在表现，都是不好的斑。斑是后天形成的，不注意保养就会越来越多，越来越大，说明毒害越来越严重。

第五章　足部日常保健

养生先养足，养足需呵护。药浴、按摩、锻炼均是可行之道。选鞋、护脚、常做足部保健操。自我护理乃非常脚艺。

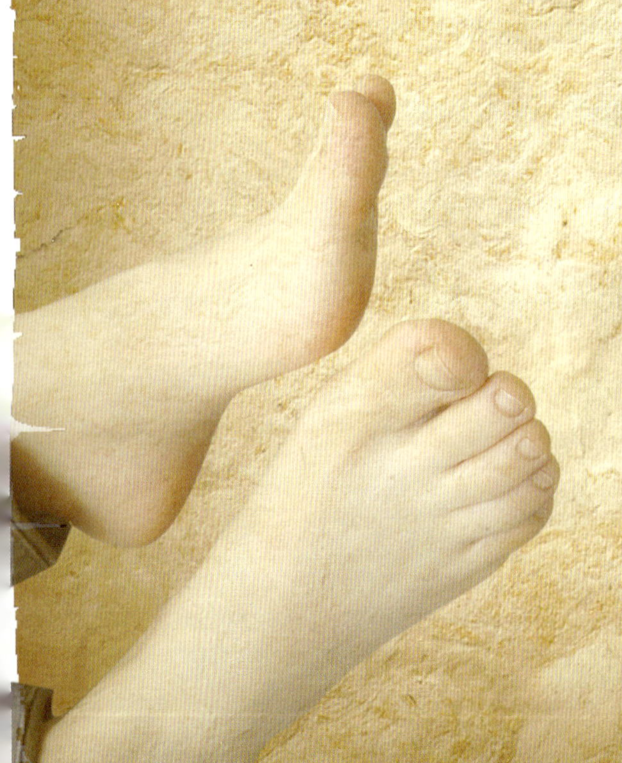

第一节　健康之浴，始于足下

人之脚，犹树之根。树枯根先竭，人老脚先衰。

脚是人身上离心脏最远的部位，又是最下的部位。血液流向脚容易，再流回心脏就没那么简单了。健康人的心脏，可以把血液输送到全身任何一个需要血液的地方，且不说心脏有多么神奇，但有一点必须重视，那就是我们应该借助外界的力量减轻心脏的负担。那么如何让流经脚部的血液加速流回心脏呢?自然医学告诉了人们一个简单易行的方法，那就是增强足部的“泵血功能”。运动当然是不错的方式，日常生活中还有一种方法更有效，那就是——洗脚加按摩。

洗脚时借助热水之浴，按摩时借助疏通之道，不仅可以加速脚部的“泵血功能”，使血液循环顺畅而有力，还可以改善人体内脏有关器官的功效。洗脚按摩真的有这么神奇吗?

早在1 400多年前，脚与全身的健康关系就被中国古代名医孙思邈所关注，并提出了“脚下暖”的科学见解。他认为，足部受害，会引起心、肠、胃、肾等内脏器官不适，甚至会引起男子阳痿、女子痛经。

在国际医学界，科学家把脚掌称为人的“第二心脏”。足部保健会直接帮助提升心脏的功效，甚至会舒缓和减轻心脏的压力。这对中老年人而言是非常有益的一件事。

古代养生学家认为，“足健则延年益寿”、“养生先养足”、“饭后百步走，能活九十九”、“睡前一盆汤，安然入梦乡”……说的都是脚部保健的重要性。这是古人从生活实践中总结出来的要诀。得其要领，必然会受益匪浅。

中医经络学家认为，人体许多经络都起源于脚。活动活动脚，相当于活动了全身的经络。这主要是全身的器官均在脚部有反射区的缘故，科学地刺激脚部的穴位和反射区，可以对全身器官产生积极的影响，进而改善脏器的功能。

中医学认为，人衰老的主要原因之一是肾气虚衰。想延缓衰老，就应多步行，多洗脚，多按摩。天天不让双脚受潮闷气，保证双脚足够温暖，即可滋养肾气，达到意想的目的。

既然脚与健康的关系如此重要，那么护理好自己的双脚，就是善待健康、善待人生。其中的奥妙始于洗。

一、足浴保健的原理

通过水的温热作用、机械作用、化学作用及借助药物蒸汽和药液熏洗的治疗作用，可达到疏通经络、散风降温、透达筋骨、理气和血、增强心脑血管功能、改善睡眠、消除疲劳、消除亚健康状态、增强人体抵抗力等目的。足浴保健疗法分为普通热水足浴疗法和药物足浴疗法。普通热水足浴疗法是指通过水的温热和机械作用，刺激足部各反射区，促进气血运行、畅通经络、改善新陈代谢，进而起到防病及自我保健的效果。药物足浴疗法是指选择适当的药物，水煎后加入温水，然后进行足浴，让药液离子在水的温热作用和机械作用下，通过黏膜吸收和皮肤渗透作用，进入人体血液循环，进而被输送到人体的各个脏腑，达到防病治病的目的。

二、足浴足疗的作用

1.改善血液循环

足浴可以改善足部的血液循环。水的温热作用，可扩张足部血管，提高皮肤温度，从而促进足部和全身血液循环。有人做过测试，一个健康的人用40~45℃的温水浸泡双足30~40分钟，其全身血液的流量，女性会增加10~13倍，男性增加13~18倍。可见，足浴可确保血液循环顺畅或改善血液循环。

2.促进新陈代谢

足浴可促进足部及全身血液循环，从而调节内分泌系统的机能，促进各种激素分泌，如甲状腺分泌的甲状腺激素、肾上腺分泌的肾上腺素，这些激素均能促进新陈代谢。这里告诉大家两个医学概念：①内分泌，腺体的分泌物直接注入血管的，叫内分泌。胰腺注入血管的叫胰岛素。②外分泌，腺体的分泌物不注入血管的，叫外分泌。胰腺注入胃的叫消化液。

3.消除疲劳

足浴的最大作用就是消除疲劳。

疲劳是人体因自我保护而产生的正常生理现象。消除疲劳的有效手段包括睡眠、休息、洗浴、按摩。足浴借助温暖的水在很大程度上能给足部带来安慰，使人能得到一种舒畅的快感，进而缓解人的精神疲劳。

4.改善睡眠

足浴可加速血流，驱散足底沉积物和消除体内的疲劳物质，从而改善睡眠。

5.调整血压

足浴可扩张足部及全身细小动脉、静脉和毛细血管，使自主神经功能恢复到正常状态，从而降低血压，缓解高血压的症状。

另外，足浴还具有养生美容、养脑护脑、活血通络等一系列保健作用。

三、热水足浴与冷水足浴

足浴有热水足浴与冷水足浴，热水足浴较为常见，冷水足浴只是水温相对较低而已。冷水足浴时，先用手摩擦足部，使足部变得温热，然后将双足浸入冷水中，两足要相互不断摩擦，直到足部潮红。冷水足浴每次约5分钟，可早晚各进行1次。值得注意的是，双脚冷水足浴后应立即擦干和保暖。

热水足浴不仅可以清洁身体，而且还可以健身。其实，洗浴的好处，早被文人墨客盛赞。峨眉山下有一高人深有感悟——

水，生命之源，万物之依；
浴，净洁之道，文明之理。
天体无水则生机灭，
万物不浴则秽气积。
混沌之始即有水，
万物初发皆须浴。
……

既然上苍赐予了我们净洁之水，我们有什么理由不行文明之浴呢?

洗过脚之后，用手爱抚双脚，给人身体最下的部位一点安慰，你会感到足部很舒展，也会顿悟足下生辉、关怀备至的含义。

脚与水相遇，摆脱的是一种束缚，演绎的是梦一般的情缘。一洗一按，要风韵则风韵，想悠然则悠然。

四、足浴的正确方法和注意事项

第一，足浴时要注意温度适中(最佳温度为40～45℃)。水温过高易灼伤皮肤，凉水对血管有收缩作用而对健康不利。最好能让水温按足部适应程度逐渐变热。

第二，足浴的时间以30～40分钟为宜，足浴时要保持一定的水温，尤其进行足浴治疗时，只有保持一定的温度和确保规定的足浴时间，才能保证药物效力的最大发挥，从而达到治疗的效果。

第三，药物足浴时，如给予足部以适当的物理刺激，如按摩、捏脚或搓脚等，效果更好。有条件者也可使用具有加热和按摩功能的足浴盆进行足浴，这样效果更佳。

第四，饭前、饭后30分钟内不宜进行足浴。饭前药物足浴可能抑制胃液分泌，对消化不利；饭后立即足浴可造成胃肠的血容量减少，影响消化。

第五，药物足浴时，有些药物外用会引起起疱或局部皮肤发红、瘙痒。有些人属特异体质，用药后会出现过敏反应。出现以上症状时，应停止药浴。

第六，足浴完毕后，应拭干双足保暖。

第七，有传染性皮肤疾病者，如足癣患者，应注意防止交叉传染。同一家庭成员，最好各自使用自己的浴盆，以防传染。

第八，在进行足浴时，由于足部及下肢血管扩张，血容量增加，会引起头部急性贫血，出现头晕目眩。出现上述症状时，可用冷水洗足，使足部血管收缩，减少下肢血流量，消除头部急性贫血，缓解症状。

第九，有出血等症状者，不宜足浴。

五、不适合足浴的人群

严重心脏病患者，脑出血未治愈者，足部有炎症、皮肤病、外伤或烫伤者，出血性疾病、败血症等患者，对温度感应失去知觉者或对温度感应迟钝者(应控制好温度，避免烫伤)，严重血栓患者、孕妇、小孩(应在成人帮助下使用)都不适合足浴。

第二节　看脚识健康

脚是人体的缩影。观察双脚可以初步判断人的健康状况，这一点也不夸张。

人体的各个内脏器官都在脚上存在相应的信息，脚部距离心脏最远，很容易出现血液循环障碍。加上地心力的影响，一些从身体各部位带来的有害物质，很可能在这里积淀下来，反映在足部敏感的位置上。通常会出现颗粒、条束、硬结、压痛、酸痛等异常现象，因此，观察触摸双脚，有助于及早诊察身体各器官的异常情况。

从侧面看，足部很像一个侧坐的人像，趾相当于头部，趾甲一侧为面部，趾掌面为后脑勺。

脚有大有小，小脚轻盈，大脚沉稳。脚掌的自然弯曲越匀称，人的体形越完美，颈椎、腰椎越顺畅。

从脚背面看，一双并拢的脚，简直就像一个曲腿盘坐的人。看脚底，他背你而坐；看脚背，他与你相对无言，非常奇妙。

脚自有道，仔细看看，能诊断健康与否，这可是有根有据的千年中医的经论。

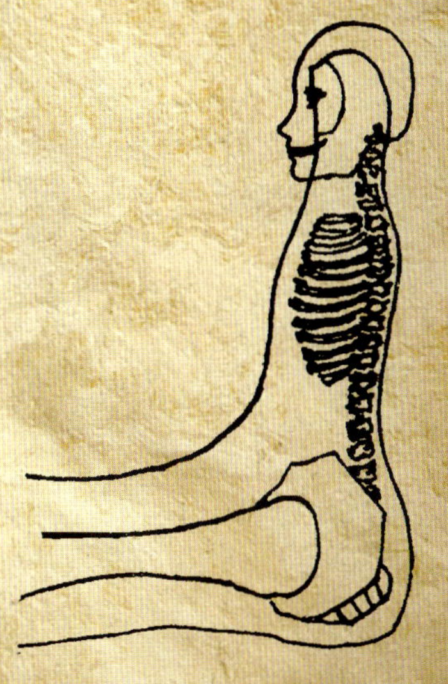

侧面看脚,如一人侧身端坐

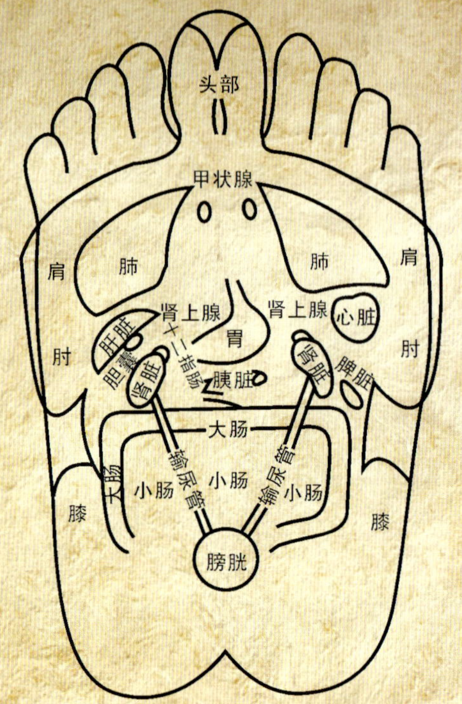

双脚并拢，从脚底看如人背对而坐

一、观脚与观鞋

根据中医望诊理论，健康的脚色应白里透红、润泽、细腻、甲饱满。如果脚色不正、皮肤失常、甲壳走形，则必有病痛之患。对此，自然医学大师漆浩先生总结得很精到——“脚小乾坤大，一足察天下”。

（一）观脚

1.观色

①脚掌色青，可能气滞、血瘀或有外伤，静脉曲张。②脚掌色红，必有炎症，可能会发热。③脚掌色黄，可能有脾病、湿热。④脚掌苍白，可能虚寒或有血病。⑤脚掌色黑，有脉管炎症。⑥健康人的趾甲呈粉红色，表面平滑，有光泽，半透明。趾甲若苍白为贫血，半红半白有肾病，青紫色为心不调，横贯白线为中毒或慢性肾病，干裂或竖纹明显为营养不良。

2.观形

①扁平脚对脊椎有影响，右脚扁平对肝脏和胆囊有影响，左脚

扁平对心脏有影响。②脚趾偏斜为脏腑失调，肿胀为糖尿病，尖端有青紫点为神经衰弱、失眠，易引发脑血管方面的病变。③脚趾外翻说明颈椎和甲状腺异常，脚趾变形说明头部和牙齿有问题。④趾甲盖嵌入肉中，可能肝气郁滞，或因穿窄小的鞋，或因挤压、撞碰等机械性损伤；某些疾病可引起畸形趾甲，如灰趾甲；趾甲剪得过短过深会引起趾甲炎症；趾甲盖凹凸不平或剥脱，表明营养不良；有白斑或红白相间斑点明显者，多发生在少儿期，为小儿虫积。⑤足踝部损伤或充血可能引起盆腔和髋关节异常，水肿多为肾炎，隆起过大可能为泌尿系统结石，凹陷多出现肝病，内踝部位紫斑点多有妇科病。

3.观姿

以卧姿观察为准。

（1）健康人的脚姿　仰卧时，两脚跟自然靠拢，两脚尖向外分开（60° 左右）。俯卧时，两脚尖自然靠近，脚跟自然向外分开(45° 左右)。

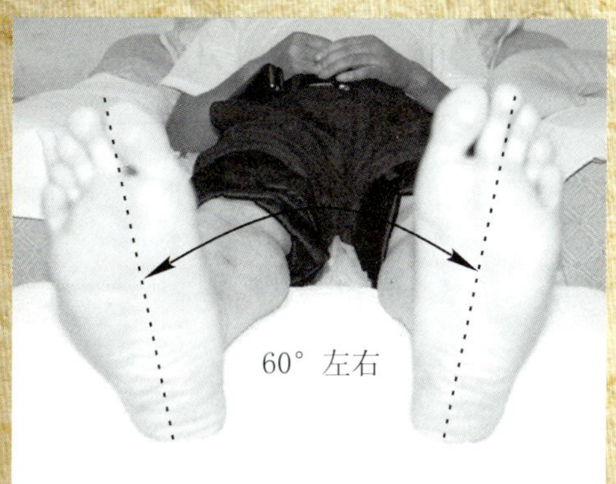

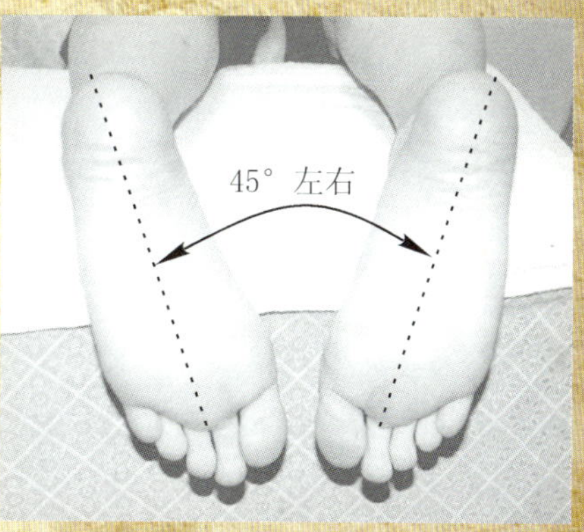

（2）左偏姿　指脚尖向左偏。这种脚姿表明：心脏不健康，有时左腿有病。表现在面部为面色红而不润。

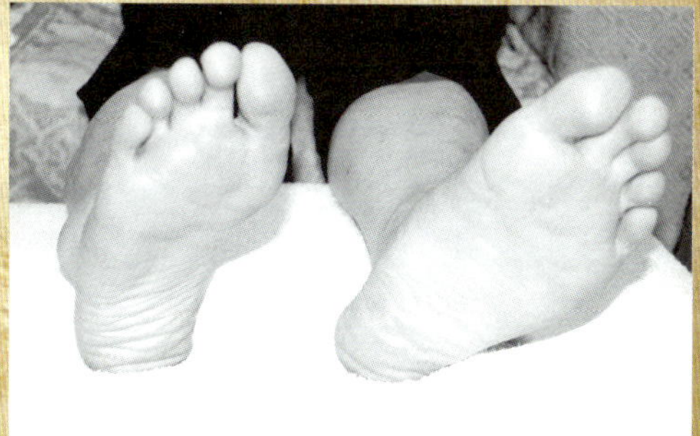

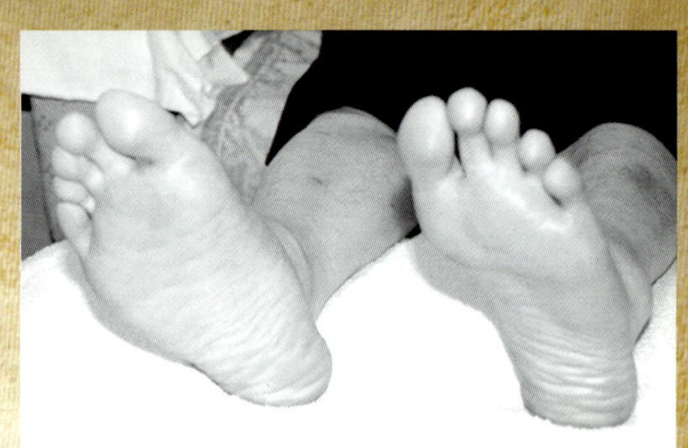

（3）右偏姿　指脚尖向右偏。这种脚姿表明：右肾异常，或心脏功能欠佳。表现在面部为面色灰暗而干。

（4）两脚大小不一　两脚双并，明显一大一小。表明：免疫力差，有胃病，女性易痛经。

（5）脚腕　脚腕活动不灵活，勾脚掌费气力。可能肾脏有障碍。

（6）仰卧时脚位平放　喜欢仰卧、屈膝、脚平放睡姿的人可能有消化道疾病。

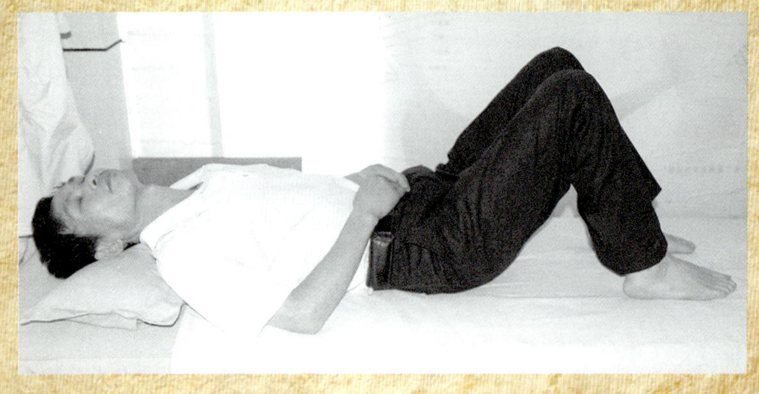

（二）观鞋

根据鞋底磨损情况，判断健康状况，这是中医经验的总结，有相当的准确性。

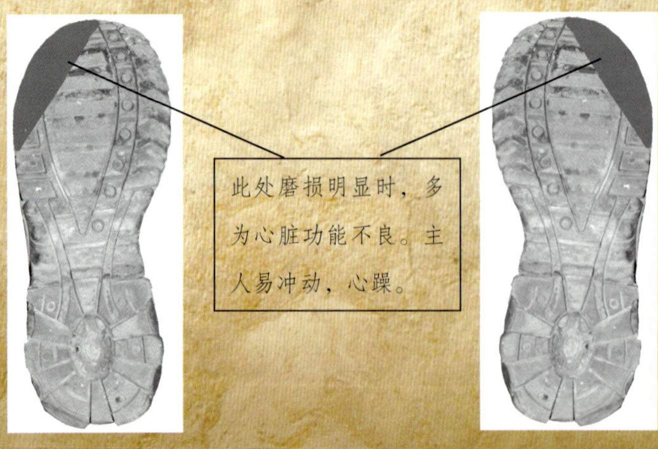

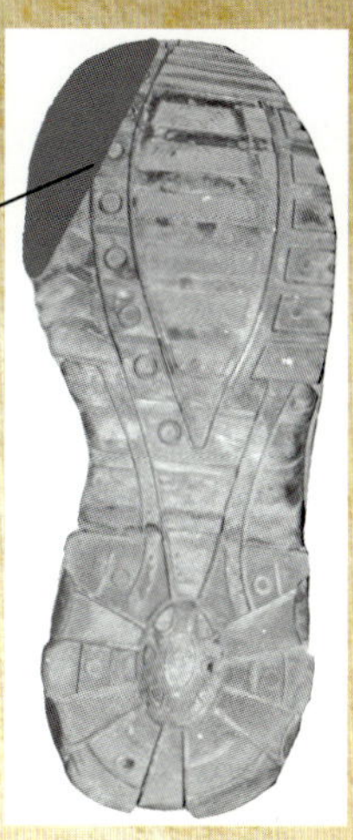

此处磨损明显时，多有肝病、消化道疾病。主人性格内向，不自信，心情抑郁。

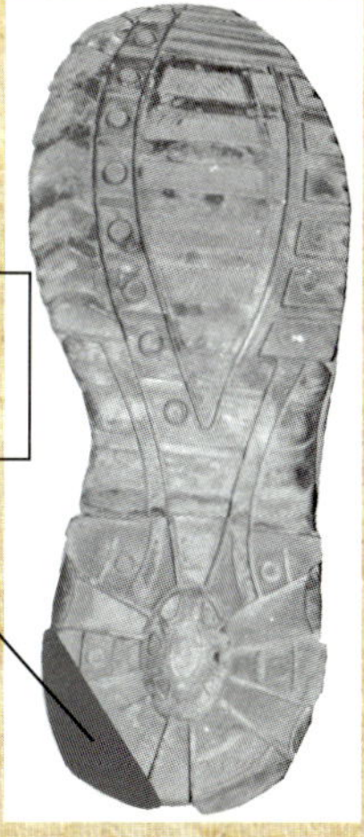

此处磨损明显时，多为泌尿系统不良。

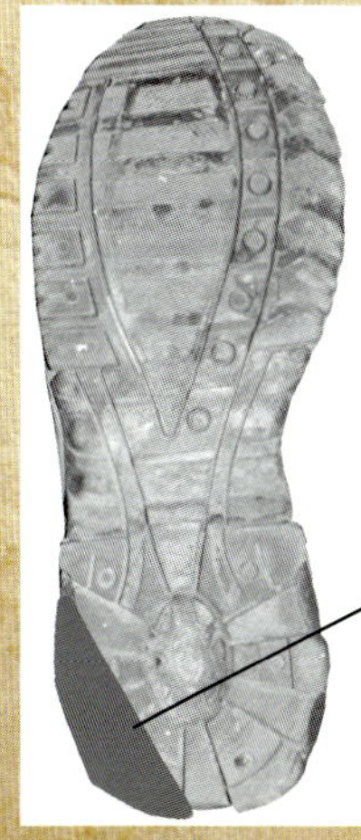

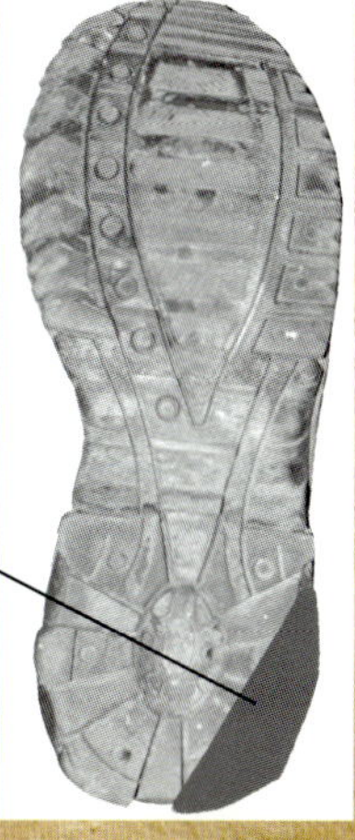

此处磨损明显时，可能肾脏有问题。

健康提示一

一般来说，鞋一天要与足“合作”十几个小时。常人一生要步行40万千米左右，相当于绕地球赤道10周。在这漫长的人生道路上，为自己的双足选配舒适的鞋子，不但可以保护好双足，免生足病，而且对整个机体的健康也是一件十分重要的事情。

鞋大致可分为四类，各有其特点。

皮鞋：外观漂亮，耐穿，不易变形，无须洗刷，韧性差。足趾活动程度小，易损伤足。

布鞋：轻便、柔软，透气性好，适合于行走和日常生活穿用。弹性差。

胶鞋：具有优良的弹性，轻盈、舒适，可运用于体育活动、日常生活及各种专业性劳动。透气性较差。

塑料鞋：耐磨，不透水，也可作为一般生活用鞋。但硬度大。

健康提示二

鞋号不仅有长度之分，还有宽度之别。长度合适，宽度不一定合适。

厘米制鞋号是以厘米为单位的表示方法，25号鞋即鞋内长度为25厘米，适合足长25厘米左右的人穿。

鞋号的另外表示方法是欧码，即日常所说的39或40鞋，40鞋的长度为25厘米，每增加1码，长度增加0.5厘米。

健康提示三

鞋的吸汗、透气和保温性能是选择鞋的重要指标。

在选鞋时要注意鞋的吸汗和透气性能，这对足汗过多的人尤为重要。布鞋的透气性和吸汗性均优于其他鞋类。

选鞋的目的，除保护足部在行走、奔跑时避免直接摩擦和冲击外，还要保证足部在温度变化较大时免于受冻或受热。因此，冬季穿鞋一定要保暖，老年人尤其要注意。

健康提示四

鞋底与地面的摩擦系数影响行走时的疲劳程度。皮革底潮湿后与地面的摩擦系数很小，橡胶底对干燥地面的摩擦系数相当大。老年人为了防止滑倒，最好选用底面花纹多的鞋。

人在行走时，硬度高、重量大的鞋子易引起和加重疲劳。除非为了“摆酷”，最好不要长时间穿靴。户外活动应选专用的户外运动鞋，如登山鞋。

健康提示五

人足大小随时间不同而有一定变化，早晨起床时最小，黄昏时最大。所以，傍晚选试鞋子最恰当。

患有鸡眼、脚垫、嵌甲等足病的人应选择宽大的鞋子；脚趾外翻的患者不能穿尖头鞋；足跟痛的患者应尽量挑选鞋底厚、弹性好的鞋，或者在鞋内增加特制的垫子，以缓解行走时足跟受到的压力；足癣患者要注意选择宽松和透气好的布鞋，穿用的鞋子要经常暴晒，保持鞋内干燥。

不同的场合选择不同的鞋子：上班乘车时，选轻便的鞋；工作中要穿质地柔软、舒适的鞋；跑步的时候选运动鞋、健身鞋；在家中最好穿保健拖鞋或“人”字形夹趾拖鞋，“人”字形夹趾拖鞋可以通过趾与第二趾间的带子刺激趾和第二趾，有利于增强内脏器官的功能，对预防扁平足也有一定作用。

为了保持腿部肌肉均衡发展，使足弓富有弹性，增强足底肌肉、筋膜、韧带的协调性，应经常变换穿着不同类型的鞋子，使腿、足各肌群都得到活动，以免造成足部疲劳。

二、触摸知虚实

1.感觉

（1）脚发凉　阳气虚，皮肤、肌肉、骨骼要注意。

（2）脚发麻　气血虚，传递中风坏消息。

（3）脚发沉　气血瘀，肿块重症要警惕。

（4）脚发胀　气郁或水肿，注意活血和化瘀。

（5）脚痛肌肉跳　神经、脉管传导不够妙。

（6）脚心发烫　阴虚火旺，必有炎症在身上。

2.触压

在适度用力情况下，用手触压足部的相关反射区，可以感受到酸、沉、麻等正常反应。如果感到很疼痛或毫无感觉，则属不正常反应。

人体内脏患病时，足部反射区除有压痛反应外，还会出现小丘疹、硬肿块等。通过按摩足部相应反射区，可以促进机体解毒，清除沉积的废物。

第三节　自然足疗法

一、健走中的足疗

生活在城市里的人，尤其是坐办公室的上班族和商务人士，由于工作忙碌，精神紧张，生活节奏快，很多人长期处于一种“亚健康”状态。缺乏锻炼是健康的大敌，应当引起我们的重视。

白领和公务繁忙的人更是越来越不“着地”了，不是在楼里，就是在车上或空中，长久脚不着地。且不说人不接地气或不近泥土会不会影响健康，但有一点可以肯定，人体本能的行走正在大幅度减少，足部的血液供应相对于奔走在泥路上的人而言，明显不足。人毕竟生活在陆地上，如果天天架在空中或漂在海上，心里永远没有踏实感，身体也缺乏安全感。因此，健康生活提倡“把双脚踏在殷实的大地上，与泥土亲和，让身心接受大地的灵气”。

对平时繁忙的人而言，补偿行走的健足运动方式，首推健走。

健走是通过足部和腿部的运动带动全身运动，进而起到锻炼身心的运动方式。健走运动最好的地点是乡村或公园里。理想的时间是早晨或傍晚。无奈的大城市人跑到健身房里，少不了的一项运动就是健走。

健走发源于美国，风行于德国、英国和日本。

健走可以增强人体的心肺功能，增加骨关节的灵活性，增强肌肉的力量，解除紧张情绪，控制体重，收获一种好心情。

（一）健走的诀窍

健走前的准备活动，可先用一条腿站立，另一条腿的脚尖着地，活动脚腕。然后，换脚活动另一脚腕。

健走要先慢走，再适速行走，不必要疾步行走。

跨步时，双眼注视前方，用鼻子吸气，用口呼气，肩膀放松，抬头挺胸，双臂主动随身体前后摆动，脚跟先着地，再有意识地按顺序让脚底和脚趾着地，接着再让脚跟抬起，脚趾用力蹬离地面。

跨步幅度以顺畅舒适为度，双腿感觉不费力为宜。

合适的健走时间为每周至少3次，每次行走30分钟以上。

先慢步健走5分钟，使身体全方位适应由静态到动态的"激活过程"；5～20分钟主要消耗能量，还不至于出汗；20分钟以后，开始燃烧脂肪，肌肉韧带充分得到拉伸。

（二）健走的趣味

为了使健走运动更有情趣，可携带一些趣味饰物，选择一个特别的环境。

在斜坡上健走更有益，上下坡过程中可体会人生之路。比如在较缓的山坡上先上后下，体会的先是艰难后是轻松。

随身携带MP3、MP4等，可以边走边听音乐、听新闻等。

手表是你最好的运动伙伴，它可以随时给你准确的报时，让你完成一个约定的心愿，甚至可以挑战时间。

结伴健走就更有趣了，边走边交流，心情更愉悦。

始终不要忘记的是，健走的目的是实现自然足疗的健身运动，不是散步，要有速度感。

（三）步行抗衰老

步行是唯一能坚持一生的有效锻炼方法，是一种最安全、最柔和的锻炼方法，步行的速度可快可慢。步行锻炼有利于精神放松，减少焦虑，提高身体免疫力。步行锻炼能使人心血管系统保持最大的功能，比久坐少动者肺活量加大。有益于预防或减轻肥胖。步行能促进新陈代谢，增加食欲，有利睡眠。步行锻炼还有利于防治关节炎。

（四）天天按摩脚

脚心是足少阴肾经涌泉穴的部位，手心是手厥阴心包经劳宫穴的部位，经常用手掌按摩脚心，有健肾、理气、益智的功效。按摩方法：晚上热水足浴后，左手握住左脚趾，用右手心搓左脚心，来回搓100次。然后再换左手心搓右脚心，来回搓100次。

二、倒走及上楼梯时的足疗

（一）倒走足疗

倒走是一反常态的步行方式。从心理上讲，倒走能给人以心理暗示：小心点。你明明知道背后是平坦的路，但倒走时，你还是会不由自主地向后探视，或不敢大胆迈步。从生理上讲，倒走时，脚尖先着地，靠脚跟蹬离地面，身体摆动幅度要大于前行的摆动幅度。

1.基本姿势

人正常前行时，上身会向后倾；而倒走时，上身会向前倾。因此，上身应自然前倾，平视前方，臀部微后翘。

2.倒走方法

先抬起左脚，身体自然会向右倾斜，左脚向后迈出，脚尖着地后顺势过渡到脚跟落地，下一步则由脚跟蹬地，向后倒退，倒走对脚跟的锻炼力度较大。

（二）上楼梯足疗

用稍快于平时走路的速度，连续上40层台阶。如果在45秒左右完成，感觉又比较轻松，则表明肌肉耐力不错；如果感觉吃力，则表明肌肉耐力较差。

上楼梯时，一般是脚的前半部分着地，甚至是脚尖着地，这对运动脚腕部和腿部肌肉很有帮助。

三、足部保健运动

（一）跺脚

跺脚是常坐办公室的人最适应的足部保健运动操。可坐在办公桌前进行。

1.基本姿势

端坐在办公椅上，抬头挺胸，放松腰部，双臂伸直，双手支撑在办公桌边沿上。坐椅的高度以双脚自然着地为宜。小腿与大腿成

110°，即小腿稍向前伸，不与地面垂直。

2.跺脚方法

（1）双脚脚跟跺地　保持上述坐姿不变，双脚脚尖着地不动，双脚脚跟同时跺地或变换跺地50次。

（2）双脚脚尖跺地　保持上述坐姿不变，双脚脚跟着地不动，双脚脚尖同时拍打地面，或交换拍打地面50次。

（3）单脚跺地　保持上述坐姿不变，一脚着地不动，另一脚抬离地面，跺地50次。然后，换脚再跺地50次。

另外，对长时间站立工作的人员，如迎宾的礼仪小姐、售货员、门卫等，岗间休息时，坐下来轻轻做做跺脚操，能很快缓解腿部和足部疲劳。

（二）旋脚

1.基本姿势

坐或站均可。挺胸收腹，目视活动中的脚，腿部放松。

2.旋脚方法

右脚向前抬起，脚尖由里向外(顺时针)旋转16圈，再由外向里(逆时针)旋转16圈。同样动作，换左脚重复一遍。

（三）转膝

1.基本姿势

站立地面，上身稍微前屈。弓一点腰，两手扶膝。

2.转膝方法

①两膝并拢、屈曲，同时按顺时针方向旋转16圈，再按逆时针方向旋转16圈。②两膝分开，分别同时由外向里转16圈，再分别由里向外转16圈。

（四）摆腿

摆腿对于长时间保持一个姿势端坐办公的人员，是很好的足部保健操。

1.基本姿势

分腿直立，双手抱于脑后。

2.摆腿方法

先将身体的重心移至右腿，呈金鸡独立状，左腿前后摆动20次，然后换右腿同样前后摆动20次。摆腿时注意保持身体平衡。

（五）弹腿

1.基本姿势

双脚自然分开20厘米，挺胸站立，双臂伸直。

2.弹腿方法

单腿独立，另一条腿抬起，使大腿与地面平行，小腿自然下垂，然后用力向前弹出小腿和足部，直到与大腿平直。平衡能力不足时，可以一手扶墙等站稳后再弹腿。

（六）跳跃

这是放松腿部和足部的简易运动操。但对已经站立疲劳的人员不适宜。

1.基本姿势

双脚自然分开20厘米，挺胸站直，双手叉腰。

2.跳跃方法

（1）直跳　屈膝后踮起脚尖，轻快地跳起。然后落地屈膝，再跳起，连续跳跃30次。

（2）交叉跳　跳跃方式同直跳，不同的是跳起之后，双脚在空中快速交换位置，落地时双脚交叉，反复做20次。

（七）拉伸

1.基本姿势

端坐在椅子上，双臂向后抱紧椅子靠背，双脚自然放在地板上。

2.拉伸方法

大腿肌肉用力，将小腿抬起至平直状，然后用力伸直脚掌，再用力向后弓起，小腿肌肉一张一弛，脚腕部灵活屈曲。

（八）踩球流柱

准备一个球体(如石球、网球)或一段柱形物体(如擀面杖、塑料管)，不穿鞋踩在球或柱上，让球或柱在脚底部前后滑动。

1.基本姿势

站、坐均可，但要用部分体重压在球或柱上，使足部能感受到反弹力。

2.滚动方法

球或柱应在脚底的控制范围内滚动，前不过脚趾，后不过脚跟。稍稍用力压球或柱，来回做50次。

（九）屈膝

屈膝需要借助垫子，一般适合在床垫上做。

1.基本姿势

坐在垫子上，双臂向后撑起上半身，两腿平直放在垫子上。

2.屈膝方法

先抖动双腿使腿部肌肉充分放松约2分钟，然后两腿交替屈膝，使小腿尽量靠近大腿。反复做30次。

（十）下蹲运动

1.基本姿势

站立，两脚跟离地。

2.下蹲方法

放松腰部，屈膝下蹲，脚尖点地。下蹲过程中，上下颤动8次，蹲下后双手支于双膝部，保持平衡，坚持20秒，再慢慢起立，脚跟落地。如此反复做5次。

（十一）压腿运动

1.基本姿势

侧蹲地面呈骑马式，或弓步立于地面。

2.压腿方法

右腿屈膝呈骑马式，手扶同侧膝，虎口向下，上体向右前方前俯深屈，臀部向左摆出，眼看左足尖，左手用力按压左膝4次。然后臀部向右摆出，眼看右足尖，右手用力按压右膝4次。左右交替各做4次。

第六章　足病预防及神奇的药浴疗法

未病先防，已病早治，是足病预防的根本原则。
按摩、揉搓、点按、摇拉，让足下轻松享受自我按摩。
熏洗、浸洗、淋洗、蒸汽浴，带您感受神奇的药浴疗法。
足是人的「第二心脏」，一足通全身。
抬抬腿，动动脚，运行气血，健身祛病。

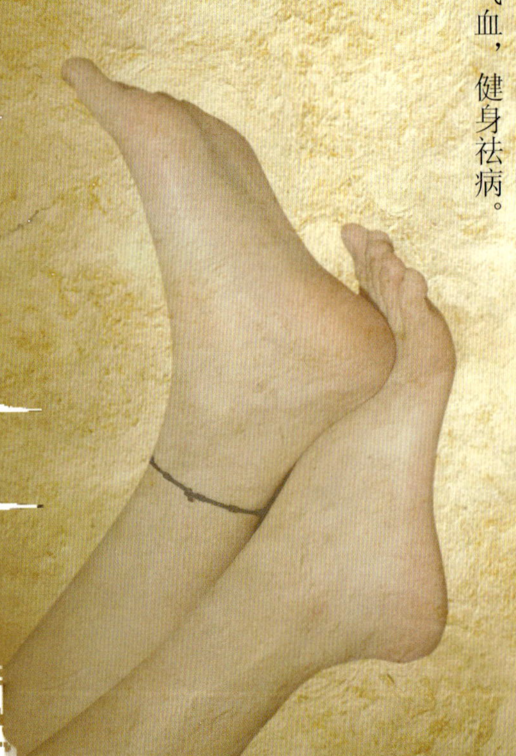

第一节　足病预防

足病的预防应按照祖国医学“未病先防”、“已病早治”的原则，树立预防为主的思想。在预防中针对各种足病发生的原因，有的放矢地进行防治和保健，否则即使治愈仍易复发。

一、治疗原发性疾病

许多种足病是某些疾病的继发病，要根除这些足病，就要治愈它们的原发病。如掌跖角化病是湿疹、牛皮癣、毛发红糠疹、毛囊角化病及汗孔角化病等疾病的症状之一，也可发生在更年期的妇女，闭经引起的内分泌紊乱可导致该病的发生；手足癣、鱼鳞病、掌跖角化病、慢性湿疹、银屑病等都可以并发足皲裂；平时常见的灰趾甲病多由足癣直接传播而致；嵌甲可导致畸形趾甲的发生，因变形、变厚的趾甲继续受到挤压或继续生长，压迫附近的软组织而造成；常见多发的甲沟炎也可由嵌甲病中嵌入的趾甲边缘刺激或刺破甲沟的软组织继发感染而形成。

其他如肢端溃疡与坏疽可由糖尿病、动脉硬化等疾病所引起；扁平足也可以由小儿麻痹或关节炎等疾病所形成。

总之，许多种足病是某些疾病的继发病，要根治这些足病，治疗引起足病的原发病是十分重要的。

二、预防和减少机械性、外伤性损伤

鸡眼、脚垫、嵌甲、甲下血肿、畸形趾甲、足部的开放性损伤和闭合性损伤(挫伤、扭伤、挤压伤、脱臼、骨折)以及足部的某些小肿瘤、跖疣等都与机械性或外伤性损伤有关。

鸡眼、脚垫类足病与机械性损伤有密切关系，特别是长期穿太窄的鞋，穿着瘦小的鞋子远行，鞋底的钉子稍许露出，鞋里、鞋垫、袜底凸凹不平，袜子线头打结，鞋内进了沙石或异物等，使足部反复受到摩擦、垫硌而发病。因而要预防这些足病的发生，要穿略大一点的鞋袜；鞋底和袜底要保持平整；皮鞋要加鞋垫；尽量穿

布底或软底鞋；经常换洗鞋袜，使之保持柔软；行走过多时，可在足部的着力点上贴一块伤湿止痛膏，以减少摩擦；在鸡眼和脚垫已经发生后，可用较厚的棉毡垫在鞋内，鸡眼或脚垫接触的部位剪成小洞，以减少摩擦。

嵌甲、甲下血肿、畸形趾甲等趾甲的病变多与受到外界物体的砸、踏、压、挤、撞等有关，因而穿鞋应该宽松，鞋头不能太窄，鞋的前缘不可太低，以减少压力和摩擦，同时还要注意避免足趾部的外伤。当甲沟部受到损伤时，可涂2%碘酊，以免化脓感染而引起甲沟炎或甲旁肉芽组织增生等。

在足部遭受外伤时，损伤的皮肤除涂以2%碘酊外，还要注意取出全部异物，局部排一下血，使污秽物一并排出，防止异物植入，并可预防植入性囊肿的发生。

足部疣与机械性损伤也有密切的关系，如竹刺、木刺、铁钉刺入，沙粒擦破皮肤或穿硬的鞋子长期受到摩擦等，都会使这些外伤部位因抵抗力下降、病毒侵入而发病。所以要避免金属物质扎破皮肤，不要让孩子在沙滩上玩耍，或赤足在沙堆里跑，以免足底被硬物刺伤。接触铁屑的工人，不可使铁屑进入鞋内。已经形成的疣要少用刀子割或用指甲抠，否则会因刺激而使疣发展得更快。

足是人体运动的重要器官，又极易产生运动创伤，所以行走或上下楼时，或天冷路滑时，要注意身体的重心，谨防跌倒。在进行跳远、打球、赛跑等激烈运动时，必须做好充分的准备活动。在登高取物时更要足底站稳，避免扭伤、脱臼、骨折等发生。

三、加强劳动保护

许多足病与职业有一定关系，所以在工作时应注意加强劳动保护。如在寒冷环境中工作的农民、渔民、建筑工人，工作后常常用碱性肥皂洗手的旅馆等服务性行业的服务员、理发师、洗衣工，常接触溶解脂肪或吸水性物质的橡胶工人、水泥工人，都很容易发生手足皲裂；经常行走或从事站立工作的人员易患鸡眼和脚垫；服务性行业、建筑业的人易患嵌甲；长时间站立工作的理发师、售货员、外科医师等易患小腿静脉曲张；地面水湿多的工厂、营业场所，空气潮湿，气温高，那里的工作人员很容易发生足癣；在机械厂、钢铁加工厂的工人，金属屑极易进入鞋内刺伤皮肤而诱发跖疣。

许多足病与所从事的工作有一定关系，因此除了要祛除致病的因素加强防范外，必须注意改善劳动环境，创造良好的劳动条件，改进设备和设施，加强劳动保护，以减少和杜绝足病的发生。

四、防治足癣

足癣是一种发病率极高的传染性足病，常会自身传染和传染给他人，并且还会继发甲癣、体癣、足皲裂等疾病。其中甲癣日久可导致趾甲变厚，进一步可发生嵌甲。所以，足癣的预防和治疗十分必要。

不少人认为足癣无法根除，对治愈这种疾病缺乏信心。其实足癣是可以治好的，只不过因为传染的机会太多，容易再受传染而复发。所以预防足癣首先要避免交叉感染。注意公共卫生，不用公共拖鞋及毛巾；不穿别人的鞋袜，不用别人的洗脚盆；鞋袜定期灭菌，可以用沸水煮袜，或将蘸有40%福尔马林的棉球用纸包好放入鞋内过夜；每天洗足，保持足部的清洁；家里的人患了足癣，全家人共同治疗，避免交叉感染。

因为真菌喜欢温暖而潮湿的环境，而阳光能杀死真菌，因此预防足癣就要勤洗晒鞋袜，保持鞋袜干燥。洗完足后，要将足完全擦干，特别是趾缝间，然后撒以滑冰散；不能穿太窄小的鞋，避免足趾受挤压，妨碍足汗蒸发，而使趾间潮湿，利于真菌生长；不要长时间穿塑料鞋、胶鞋、球鞋以及尼龙袜，因为其透气、吸水性能不好，易造成足部潮湿，塑料拖鞋虽然使足背部暴露，汗液蒸发较好，但是足底部的汗液却不易蒸发，以穿草制拖鞋最好。

足癣的防治要坚持到底，要有恒心。在症状消失后，仍需要坚持治疗一段时间。涂药的方法也要注意，涂药前要洗足，水疱要消毒后刺破，然后涂药。

介绍一种治癣足浴新法：安息香足浴。

安息香足浴

安息香精油5滴，洋甘菊精油2滴，橄榄油20毫升。

主治：脚底开裂、湿疹、干癣、关节疼痛。

用法：将安息香精油、洋甘菊精油和橄榄油滴入温水中（水温38℃左右），搅拌均匀。先行清洁双足，随后将双脚浸泡在水中，用手轻轻揉搓。每次浴足20分钟，每周进行1次。

辅助按摩：左脚底约一半偏上方与第四趾相交处，由上往下按；双脚脚背趾与第二趾之间凹陷处，由外侧往脚后跟方向推；双脚脚背外侧，踝关节上方，从内侧往外侧斜向按摩。

五、避免感受寒凉

足在人体的最低部，距离心脏远，血液循环较差，最易感受寒凉而引起足病。

古云“寒从足入”，是十分有道理的。由足部感受寒凉而引起的疾病很多，如冻疮、关节炎、血栓闭塞性脉管炎、足跟痛、足麻木、跟骨刺等。许多足病，如足部的软组织损伤、骨伤后遗症、慢性丹毒、足部溃疡等，都会因受寒凉而病情加重，尤其是久病、重病的患者，甚至会造成全身性疾病的进一步恶化。

从祖国医学来看，风、寒、暑、湿、燥、火六淫皆可影响足部而发病，但从医疗的实践来看，因受寒凉而致病的机会特别多。如妇女月经量过多、经期过长、多次流产、产后阴血不足，最易感受寒凉而发生足底痛、足跟痛。老年人不仅气血虚，且肾气、肾精皆亏，极易感受寒凉而形成足痛或足趾麻木。

六、矫正畸形足

足部发生畸形，常常会引起鸡眼、脚垫、嵌甲等疾病的发生。因此趾外翻、锤状趾、重叠趾、并趾与多趾、扁平足等足部畸形必须施以手法整复，必要时使用手术矫正，这些在前面有关章节中已进行了详细讨论。

不少足畸形却是人为引起的。如趾外翻，常是穿着前面极窄、足趾部极尖的皮鞋，将趾挤向外方而引起的。这样不仅会因足趾间互相挤压而引起鸡眼和脚垫，还会造成嵌甲和跖趾关节炎，到晚年时会因趾外翻造成足部严重畸形。

另外，许多足病与行走、站立姿势不正确有关，往往引起足部运动失常和畸形。像常见的扁平足除与先天遗传因素有关外，有的则是站立过久或负重过多，因疲劳和慢性劳损以及行走、站立姿势异常而造成。因而必须用正确的姿势，使全足均匀用力来走路和着地。对于长时间站立工作的，要不断更换一下站立的姿势。

第二节　足部按摩保健的方法

一、摩法

摩法也称为搓法，是指用手指或掌心密切接触足部的皮肤，进行来回直线摩擦或回旋摩擦。这种手法是足部自我按摩的主要手法。具体方法是：平坐在方凳上，如先按摩右足，左足掌平放于地面，右膝关节屈曲抬起放在左膝关节上方，右手固定于右踝关节处，左手五指与掌心紧贴于足部皮肤进行摩擦。摩擦的方向是先从足背部开始(五指并拢屈曲包绕足背面)向足趾方向摩擦，再从五足趾通过足底部向足跟方向摩擦(到足五趾后，左手翻掌，拇指与其余四指分开，拇指位于足内侧，四指位于足外侧分别向足跟方向摩擦)，从足跟部再到足背部逐一摩擦(左手到足跟部后，手心在足跟部内旋，而后恢复到左手放足背部的位置)，使整个足部皮肤都得到摩擦。一般情况下每次每侧足要摩擦1分钟，约20圈。当右足摩擦完毕后，再用右手摩擦左足，方法相同。

当摩擦整个足部皮肤后，再用右手手心(劳宫穴)对准左足心(涌泉穴)，左手手心对准右足心，分别进行摩擦。摩擦足心时应以足心为圆心做顺时针方向摩擦，摩擦次数一般在50～100次。

摩法较为简单，一般可随意用力，但用力要均匀。这种方法的作用主要是提高整个足部皮肤的温度，通经活络。一般情况下，摩法可作为足部自我按摩保健的重点方法。

二、揉法

揉法是用手指指腹或掌侧鱼际在足部皮肤上轻轻揉动(左右回旋，圆形、螺旋形移动)。揉的动作要领是手指指腹或掌侧鱼际不移开接触的足部皮肤，而是带动皮下组织随手指或掌侧的旋转而滑动。由于足部皮下软组织较少，所以，一般多采用指揉法或滚揉法。

1.指揉法

指揉法一般加一定的压力在某些特定部位上，用拇指或中指在足部指揉按压所选用的部位上。根据客观需要，如指按揉涌泉穴。

指揉法的主要作用是行气活血，通经活络，缓解疼痛，起保健治疗作用。常用的指揉部位及作用为：指揉涌泉穴，可治足冷及足底疼痛；指揉太冲穴，可治足背红肿；指揉昆仑穴，可治踝关节扭伤；指揉太溪穴，可治足心潮热；指揉申脉、然谷、隐白穴，可治足冷。

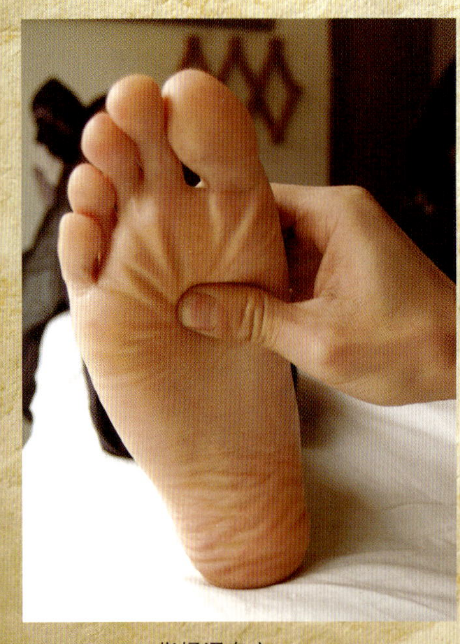

指揉涌泉穴

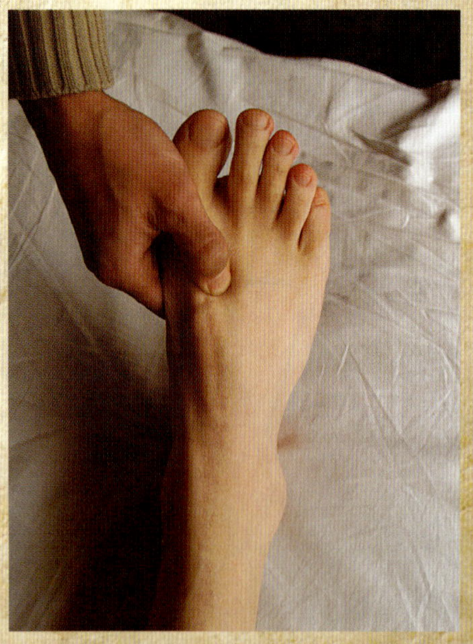

指揉太冲穴

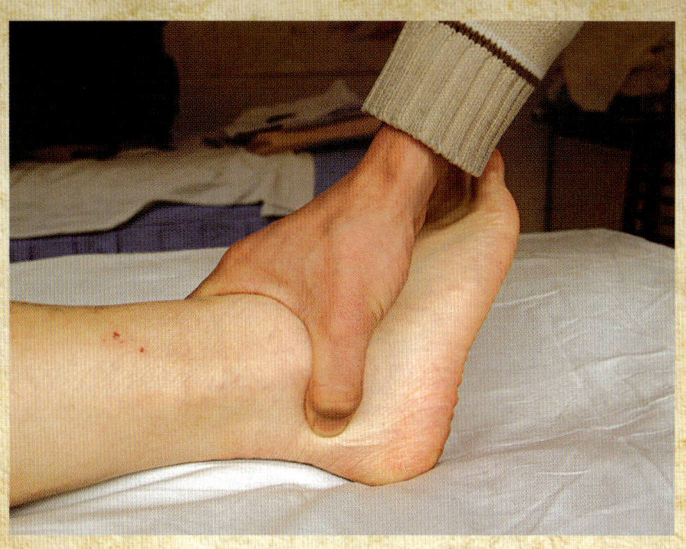

指揉昆仑穴

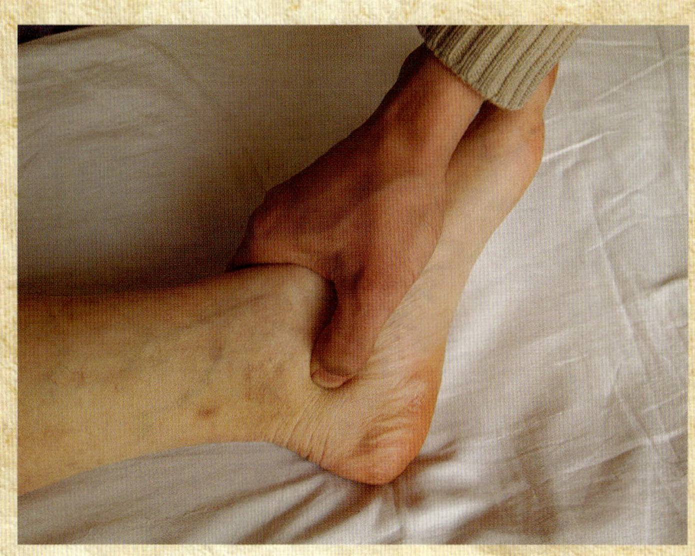

指揉太溪穴

2.滚揉法

滚揉法是用掌侧鱼际和中指、无名指、小指掌背部边按边滚。滚法主要适用于足跟部、足内侧，可以疏通经络、活血行气，促进足部的血液循环。

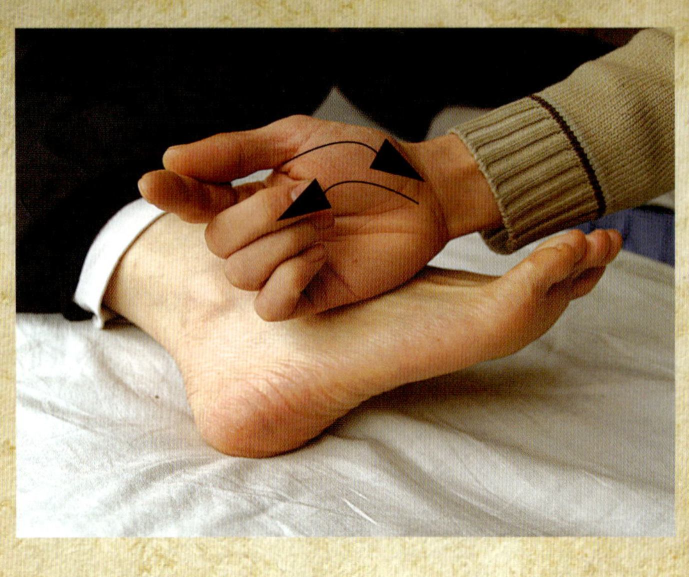

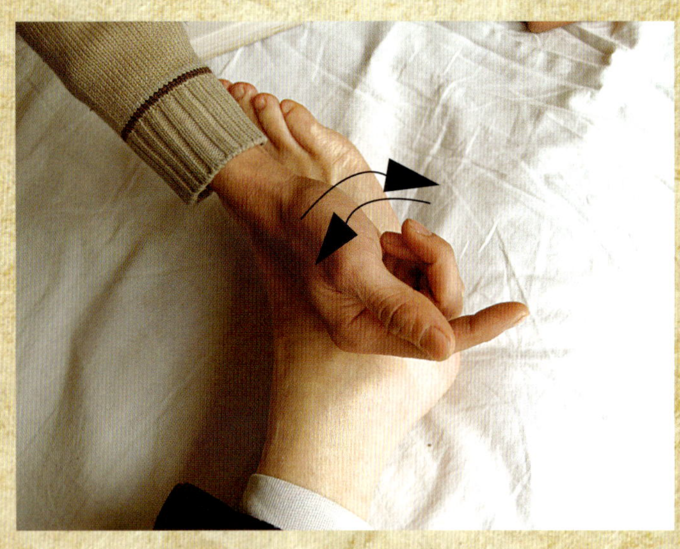

三、点按法

点按法也称指压法或捏法，是根据需要，用拇指或中指用一定的压力去按压足部穴位。捏法也是将拇指与四指分开，呈钳形捏定，做对合动作，按压某些特定部位。

点按法可行气活血，通经活络，缓解疼痛，起保健治疗作用。足部点按可根据自己身体的情况，选择合适的部位进行。足弓疼痛或足肿选承筋；足底疼痛选三阴交、涌泉；全足疼痛选申脉、然谷、筑宾；足热选涌泉；足肿痛选水泉、照海；足背红肿选八风。

四、摇拉法

摇拉法是摇法和引拉法的总称。摇拉法是用一手在应摇关节的前后，托住或握住以行固定，再用另一只手给予被动性的摇动及引拉，以起到疏通腠理、滑利关节的作用。

1.趾摇拉法

采取坐位，以摇拉左足趾为例：将左脚屈曲放于右膝上，左手按压左踝关节处，右手将左足趾从趾开始逐趾进行旋转，以趾的旋转为重点，右手拇指、食指紧握其足趾末节，向外下方旋转牵拉反复进行2分钟，牵拉足趾时应有节律，缓慢而有力，摇拉至五趾均有热感时为止。用此方法做完一侧后，再进行另一侧。趾摇拉法可理气健脾，消肿止痛，临床上多用于治疗头昏、目眩、胸闷、气急、腹胀、腹痛、下肢无力等病症。

2.踝摇拉法

仍采用坐位，双踝关节进行背屈、跖屈、内翻、外翻、顺逆时针转圈摇动。踝摇动可采用主动摇动，也可行被动摇动。仍以左踝为例：将左下肢屈曲，左踝放于右膝关节上，左手固定左踝关节，右手握五趾进行踝关节的各种动作，一般摇动需2分钟。而后进行引拉踝关节，坐姿同前，左手和右手分别置于左足前部的内外侧，用力进行引拉。踝摇拉法可疏通经脉，活血祛瘀，临床上用于治疗腰背疼痛不能俯仰、膝痛不可屈伸、踝关节活动障碍、踝关节扭伤、头痛、颈项强痛等症。

五、足部按摩保健的注意事项

足部按摩保健是家庭医疗保健的组成部分，应尽量自己进行，这样除防治足病外，还可使身体进行伸展活动，有益健康。

足部按摩保健的主要目的是促进足部血液循环，活利足部的各关节，改善足部皮肤温度。所以，每天要进行2次以上，早晨醒后，睡觉之前，或者在看电视节目时都可进行自我按摩。每次按摩应按摩法、揉法、点按法、摇拉法的顺序进行。摩法和揉法可增加足部血液循环；点按法主要是针对自己的身体情况，选择性地点按某些特定部位；摇拉法主要是活利足部关节，一方面消除点按后所引起的皮肤不适，另一方面使足部放松。每次足部自我按摩时间可根据自己身体情况而定，一般10～20分钟，达到足变暖、关节灵活、足部有轻松感即可。因足部皮下组织较少，在足背部点按时用力要均匀，以不痛为度；足底脂肪较多，用力要适当加大，尤其是涌泉穴处要稍用力方可达到理想的效果。

足部按摩最好在洗足后进行，洗足本身就是足保健的一个重要方面，洗足后按摩更可促进足部的血液循环，进一步提高疗效。如足部皮肤较为粗糙，可选用按摩介质如滑石粉或油脂类，以免损伤皮肤。另外，要经常修剪手指甲，防止将皮肤划破。

第三节　神奇的药浴疗法

一、药浴分类和方法

（一）按部位分类

1.全身浴

将身体全部浸泡在药液中洗浴的一种方法。本法是借浴水的温热之力以及药液的效力，使周身腠理疏通，毛窍开放，起到发汗退热、温经散寒、祛风除湿、疏通经络、调和气血、消肿止痛、活血祛瘀等作用。每次浸泡20～30分钟，药浴结束后，以清水冲，擦干身体，休息10～20分钟。

2.半身浴

将腰以下的部位浸于浴液中洗浴的一种方法。患者坐在浴盆中，浴水高以到脐为佳，室内温度以30℃以上为宜。在浸洗的同时，尚可活动下肢，每次浸泡20～30分钟。

3.局部浴

指身体的某一部位浸泡在药液中或频频地接触药液进行浴洗的一种方法。例如头浴、颜面浴、手浴、足浴、坐浴、眼浴、肢体浴。

（二）按方式方法分类

1.沐浴

用于全身性疾病。煎药的方法有2种：一种是根据辨证施治处方制成煎剂，对入热水中；一种是装入纱袋，直接煎取浴液。每次淋浴20～30分钟，每日1次，10天为一疗程。主要用于皮肤病及全身性疾病。

2.熏洗

应用药物煎汤，趁热先熏蒸后淋洗患部的一种方法。本法主要依靠药液的热力及药物效力，使气血流畅，改善局部营养和全身机能，进而达到消肿止痛、祛风止痒等目的。主要适用于外伤、皮肤、眼科、妇科以及内科等某些疾病的治疗，同时，也可用于皮肤保健美容。

应用本法时要根据不同的病症辨证用药。具体方法是：将药物煎汤，趁热熏蒸患部，待药液凉后，用其淋洗及浸治患部。每天2次，每次20～30分钟，病情严重者可适当增加熏洗时间和次数。

3.浸洗

浸洗法是将药物煎成汤汁，浸洗身体的某一部位，以达到治疗目的的一种方法。本法可较长时间地使药液作用于患部，借助药液的荡涤之力，发挥药物的直接效力，对局部病变起到治疗的作用。同时，也可经过浸洗局部，经皮毛腧穴由表入里，内达脏腑，以调理机体脏腑功能，通调血脉，扶正祛邪，进而达到治疗全身疾病的目的。本法主要适用于痛、疮、肿毒、癣、痔、烫伤、烧伤等局部病变以及中风、痹证、泄泻、脚气等全身疾患。

使用本法时要依据不同病情进行辨证用药。具体方法是：将药物煎煮后去渣取液，浸洗患处或身体局部。每次30～60分钟，每天1次，10天为一疗程。同时，也可根据病症的寒热采取热浸或冷浸，或在药液中加醋、酒等以增加疗效。

4.溻渍

溻渍法是将四肢浸泡在煎好的药液中，来治疗疾病的一种方法。本法犹如浸洗法，可借助药物的荡涤之力，促进局部腠理疏通，气血流畅，具有消肿止痛、祛腐生肌、杀虫止痒、祛风除湿、清热解毒、活血通络之功效，用于四肢痈疽、皮肤瘙痒等症。

应用本法当据病施药，每次20～30分钟，每日1次，10天为一疗程。

5.淋洗

淋洗法是将药物煎成汤汁不断喷洒患处的一种治疗方法。本法不仅可利用药物效力，而且可利用药液体的刺激和冲洗作用，促使局部经络疏通，气血流畅，具有解毒消肿、散瘀止痛、清洁创口等作用。适用于痈疽疖、跌打损伤所致的局部肿痛等症。

应用本法当将药渣滤净，每日淋洗1～2次，每次20分钟，10天为一疗程。

6.擦洗

擦洗法是将药物煎汁，擦洗患处的一种方法。本法借助药力及摩擦力作用于患处，对局部起到清热解毒、活血通络的功能。适用于各种疣、风湿性关节炎、皮肤瘙痒、脱发等病症。

应用本法当辨证用药，将药液浓煎，待药液温热时擦洗患处。用于治疗扁平疣等，最好擦破皮肤。每日2～4次，每次15分钟。

7.冲洗

冲洗法是将药物煎汤，用以冲洗清洁疮口，促进创伤愈合的一种方法。本法借助于药液的荡涤之力和药物效力，来清洁脓汁，洁净疮口，以达到生肌排脓之目的。适用于外科疮疡后期脓水较多时。

有时不拘时间，以冲洗洁净为度，每日1次。

8.蒸汽浴

蒸汽浴，此指中药蒸汽浴，是应用中药煎成的汤液加热至沸时产生的气体进行治疗疾病的一种方法。本法可借助药液的蒸汽直达肌腠，以发挥散寒除湿、温通经络、舒筋活血、止痛止痒的作用，进而达到治疗的目的。适用于伤风感冒、中风、脱肛、皮肤瘙痒、关节炎、肥胖、角膜炎等。其治疗方法有全身蒸洗法和局部蒸洗法

2种。

（1）全身蒸洗法　在一密闭小木屋中，将药物加热煮沸，蒸发气体，患者或卧或坐于室中，如同桑拿浴。室内气温渐加至45～50℃，以患者能耐受为度，熏蒸15～30分钟。熏蒸后，患者要安静躺卧休息，不要求冲洗。

治疗每日或隔日1次，10天为一疗程。心脏病、癫痫、恶性肿瘤患者慎用。

（2）局部蒸洗法　将加热煮沸的煎剂，倾入适当大小的容器中，使药液占容器的1／2～2／3，让患者将患部置于容器中，与药液保持适当距离，以感觉皮肤舒适为度，进行熏蒸。可用浴巾围住熏蒸部与容器，以避免蒸汽过多散失。

二、药浴特点和作用

1.药浴特点

①使用安全，毒副作用少。②方便易行，便于推广。③作用迅速，效果明显。④应用广泛，妇孺均宜。

2.药浴作用

①改善循环系统功能。②改善微循环。③改善免疫功能。④消炎。⑤镇痛。

三、药浴治疗皮肤病偏方

（一）足癣

1.二矾洗剂

明矾30克，皂矾30克，雄黄10克，侧柏叶15克，儿茶10克，透骨草30克，丁香10克，黄精20克，地骨皮20克，石菖蒲15克，冰片5克。

制作：将配方药物研成细末，密封瓶装。每次取100克，装入布袋后，加水1 500毫升，煎煮20分钟，滤出药液。

用法：先熏后浸洗患处。每次20分钟，每日2次，10天为一疗程。

功效：燥湿、杀虫。用于治疗脚癣。

2.百部洗剂

百部洗剂

樟木30克，艾叶25克，肉苁蓉15克，百部15克，大风子10克，木槿皮15克，花椒10克，红花10克，苏木10克，白鲜皮15克，蜂房10克，地骨皮30克，食醋200毫升。

制作：将配方中前12味药加水2 000毫升，煎煮20分钟，滤取药液，然后加入食醋。

用法：先熏后洗。每次15分钟，每日3次，7天为一疗程。

功效：燥湿、杀虫、活血。主要用于顽固性足癣。

（二）脓疱疮

又名黄水疮，是一种常见的皮肤化脓性疾病。多发于夏秋季节，具有传染性。多因气候炎热，湿热交蒸，热毒外受，熏蒸肌肤而致。多发于头面部、四肢等暴露部位。初起时患处发红，继而起水疱，迅速变成脓疱，基底红晕，壁薄易破，渗液腐烂，结成黄痂，愈后不留瘢痕。

1.黄柏苦参汤

黄柏苦参汤

黄柏50克，蒲公英60克，野菊花30克，苦参20克。

制作：将配方药加水2 000毫升，煎煮20分钟，滤取药液约500毫升。

用法：洗患处。每日1次，每次20分钟，连洗3天。洗后再以植物油调黛矾散（青黛、白矾等粉）涂于疮面。

功效：清热解毒。治疗脓疱疮。

2.四黄苦莲汤

四黄苦莲汤

黄连、干蟾皮各20克，大黄、穿心莲各30克，黄柏、炒黄芩、苦参各45克。

制作：将配方药加水2 000毫升，煎沸20分钟，滤取药液。

用法：外洗。每日2次，3天为一疗程。

功效：清热解毒，燥湿止痒。治疗脓疱疮。

3.四黄荷叶汤

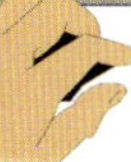

四黄荷叶汤

黄连20克，黄芩、黄柏、熟大黄各50克，蒲公英、紫花地丁、菊花、鲜荷叶、鲜丝瓜叶、生甘草各30克。

制作：将配方药加水2 000毫升，煎煮20分钟，滤取药液约500毫升。

用法：浴洗患处。每次20分钟，每日2次。让其自然风干。

功效：解毒清热。治疗脓疱疮。

（三）皮肤瘙痒症

皮肤瘙痒症是一种自觉瘙痒而无原发损害的皮肤病，中医称之为“痒风”。其临床特征是初起并无皮肤损害，由于经常搔抓，患处可出现抓痕、血痂、色素沉着及苔藓样化或湿疹样变，有时可继发感染。其病由湿热蕴于皮肤，疏泄不畅，或肝血虚，生风生燥，肌肤失养所致。

1.皮肤瘙痒方（一）

皮肤瘙痒方（一）

石菖蒲40克，青蒿30克，生大黄20克，黄柏20克，地肤子15克，苦参20克，明矾20克，皂矾20克，皮硝20克。

制作：将配方中前6味药加水3 000毫升，煎取汁1 000毫升，放后3味药，搅匀。

用法：趁热熏洗，待温后全身浴洗。每日2次，每次20分钟，5天为一疗程。

功效：祛风透热，清热解毒。用于治疗皮肤瘙痒症。

2.皮肤瘙痒方（二）

皮肤瘙痒方（二）

生地黄20克，白鲜皮20克，丹参10克，苦参15克，金银花15克，连翘12克，地肤子10克，牡丹皮10克，赤芍12克，紫草15克，荆芥10克，防风12克，升麻15克，薄荷10克，甘草10克，蝉蜕12克。

制作：将配方药加水2 000毫升，煎取汁1 000毫升。

用法：待温后全身浴洗。每日2次，每次15分钟，5天为一疗程。

功效：凉血祛风，清热解毒。用于治疗皮肤瘙痒症。

3.皮肤瘙痒方（三）

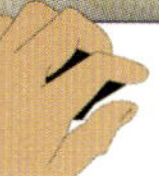

皮肤瘙痒方（三）

桃叶15克，龙葵15克，苦参30克，白鲜皮12克，花椒10克，百部15克，蛇床子20克，食盐10克。

制作：将配方药加水2 000毫升，煎取汁1 000毫升。

用法：待温后全身浴洗。每日1次，每次15分钟，5天为一疗程。

（四）硬皮病

硬皮病是一种以皮肤肿胀、硬化、小血管痉挛狭窄为特征的结缔组织疾病。一般分为局限性和系统性2种类型。经过红肿、硬化及萎缩3个阶段，表现为受累皮肤常与深部组织固着、不易移动、感觉迟钝等。其病因病机多为营卫不和，复感风寒湿邪，局部经络阻滞，气血运行不利。

1.硬皮病方（一）

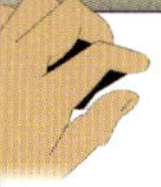

硬皮病方（一）

威灵仙80克，蜀羊泉40克，石菖蒲30克，艾叶20克，独活20克，千年健20克，红花15克，食醋500克。

制作：将配方药加水2 000毫升，煎取汁1 000毫升。

用法：趁热熏洗，待药液不烫手时，用毛巾蘸之擦洗患处。每日2次，每次20分钟，中间不能间断，否则影响治愈效果。10天为一疗程。

2.硬皮病方（二）

制作：同硬皮病方（一）。

用法：外洗。将患处浸入药液中浸泡，并用干净纱布擦皮肤至发红。每日3次，7天为一疗程。

硬皮病方（二）

石菖蒲30克，艾叶10克，川乌6克，独活20克，急性子10克，麻黄10克，桂枝30克，羌活20克，透骨草30克，蚤休30克，地骨皮20克，红花15克。

3.软皮汤

软　皮　汤

黄芪60～120克，茯苓、当归、川芎各15克，白术、赤芍各12克，高丽参、穿山甲、麻黄、桂枝、川乌、草乌各10克。

制作：将配方药加水4 000毫升，煎取汁1 500毫升。反复煎煮3次，倒入浴盆内，水温保持35～40℃。

用法：每次洗浴1小时，每周3次。

（五）神经性皮炎

神经性皮炎是一种慢性炎性皮肤病，属中医“顽癣”、“牛皮癣”的病症范畴。多见于青年人和成年人，儿童一般不发病。神经性皮炎的发病机制，一般认为是由于大脑皮层的抑制和兴奋功能失调所引起，情绪激动、精神过度紧张、生活环境变化可能是主要的诱因。好发于颈、肘、骶部，常对称分布。临床以剧烈瘙痒，抓后呈丘疹状，日久皮肤出现苔藓样改变为特征。

1.神经性皮炎方（一）

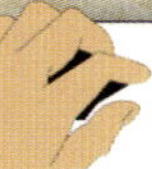

神经性皮炎方（一）

苦参、蛇床子、地肤子、白鲜皮、川黄柏、明矾各30克，花椒、艾叶各15克，冰片10克。

制作：将配方药前8味药用水煎，冲化冰片。

用法：先熏后洗。每次30分钟，每日2次。

2.神经性皮炎方（二）

神经性皮炎方（二）

蛇床子、地肤子、苦参、黄柏、鹤虱各45克，蜂房、大黄、生杏仁、枯矾、白鲜皮、大风子、朴硝、蝉蜕、牡丹皮各10克。

制作：将配方药加水3 000毫升，煎取汁1 000毫升。

用法：趁热熏洗患处。每日2次，每次1小时。

3.神经性皮炎方（三）

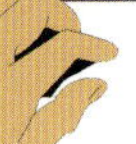

神经性皮炎方（三）

焦山栀50克，蛇床子、苦参、土茯苓、红花各45克，荆芥、艾叶、防风、紫草、黄柏各9克，淫羊藿12克，花椒3克。

制作：将配方药加水2 000毫升，煎取汁1 000毫升，滤取药液。

用法：熏洗浸泡外用。每次30分钟，每日1剂，每晚1次，30天为一疗程。

4.黄冰硫黄洗剂

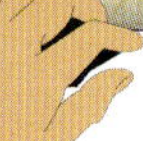

黄冰硫黄洗剂

大黄30克，朴硝20～50克，硫黄10～30克，冰片10克。

制作：将配方药加水2 000毫升，煎取汁1 000毫升。

用法：用药水洗患处。药渣敷患处持续30分钟左右，每日3次，每剂药可用2日，3剂为一疗程。

5.消疹外洗液

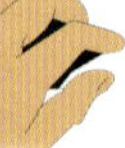

消疹外洗液

大黄、徐长卿各30克，黄连、蝉蜕、荆芥、红花、乳香、明矾各10克，黄芩、苦参各20克。

制作：将配方药加水2 000毫升，煎取汁1 000毫升。

用法：清洗皮损处10分钟左右，每日清洗1~2次。

（六）痱子

痱子是夏季一种常见的皮肤病。是由于表皮被汗液持续浸渍引起汗腺管口阻塞，汗液排出不畅所致。

1.痱子方（一）

痱子方（一）

绿豆粉、滑石粉各60克，炉甘石10克，薄荷脑6克，枯矾4克，桑叶200克。

制作：将桑叶煎水，其他药研成细末。

用法：先用桑叶水洗，洗后擦干，扑上药粉。每晚1次，5次可愈。

2.痱子方（二）

痱子方（二）

藿香、佩兰、野菊花各30克，枇杷叶60克，滑石粉30克。

制作：将配方药加水2 000毫升，煎取汁1 000毫升。

用法：浴洗。每日1次，5次为一疗程。

3.痱子方（三）

痱子方（三）

黄柏、徐长卿、野菊花、地肤子各50克，明矾10克。

制作：同痱子方（二）。

用法：洗涤或湿敷患处。每日3次，每次10分钟，3天为一疗程。

（七）冻疮

1.冻疮方（一）

冻疮方（一）

当归、川芎各10克，红花、防风、荆芥、羌活、独活、白芷、甘草各5克。

制作：将前7味药蒸馏取液250毫升，再与后2味药同煎。过滤浓缩至200毫升，混匀，加羟苯乙酯0.5克(用95%酒精溶解)。

用法：用此液擦洗患处，每日3次，7天为一疗程。

2.冻疮方（二）

冻疮方（二）

桂枝60克，红花30克，附子、荆芥、紫苏叶各20克。

制法：将配方药加水3 000毫升，煎取汁1 000毫升。

用法：浸泡患处，每日3次，每次20分钟。

3.冻疮方（三）

冻疮方（三）

当归、赤芍各25克，细辛3克，通草9克，甘草9克，大枣10枚。

制作：将配方药加水2 000毫升，煎取汁1 000毫升。

用法：先趁热熏洗，待温后浴洗患部。每日2次，每次30分钟。汤液可再煎沸，如法应用3天。6天为一疗程。

主治：冻疮奇痒、溃烂、肿痛。

（八）疔疮

疔疮是发病迅速而危险性较大的一种皮肤化脓性疾病。常见于手足、颜面等部位，易于走黄，伤筋坏骨。主要因火热之毒为病，或恣食厚味，脏腑蕴热，火毒结聚所致；或感受火热之邪，之后经抓破染毒而成，初起为一粟状点，状如小疤，或白或黄或紫，根脚硬肿，痒痛非常，伴全身寒热交作等症。其发于颜面人中部位者称人中疔，发于手指部位称为蛇头疔，侵及淋巴管者称红丝疔。

1.疔疮方（一）

疔疮方（一）

金银花、苦参、黄柏、紫花地丁、蒲公英、大风子各30克，连翘、牡丹皮、泽兰各24克，大黄、黑豆各15克，荆芥、防风、白鲜皮、生杏仁、甘草各9克。

制作：将配方药加水3 000毫升，煎取汁1 500毫升。

用法：熏洗或溻洗患处。每次30分钟，每日2次。

2.疔疮方（二）

疔疮方（二）

金银花、蒲公英、生大黄、紫花地丁、苦参各30克，牡丹皮、赤芍药各20克。

制作：浓煎取汁。

用法：取容量为50毫升的无菌瓶装入大半瓶药汁，将患指放入瓶中浸泡30分钟，每日2次，至痊愈为止。

3.立马回疔丹

立马回疔丹

蟾酥（酒化）、硇砂、轻粉、白丁香各3克，蜈蚣（炙）1条，雄黄、朱砂各1克，乳香2克，麝香1克，金顶砒1.5克。

制法：将配方药共为细末，调糊，制麦粒大小的丹。凡遇疔疮，针破，用丹插入针破的孔内，膏药盖之，直到追出脓血疔根为效。

主治：疔疮初起，已用针刺后，又或误灸失治，以致疮毒走散不住，乃疔走黄险恶症也，急用此插。

（九）臁疮

臁疮是指小腿内外臁部发生溃烂，不易收敛的疾病，多发生于长期从事站立工作的静脉曲张患者，亦有因损伤而致者，相当于现代医学的小腿慢性溃疡。

1.臁疮方（一）

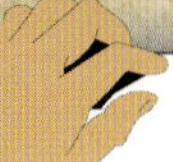

臁疮方（一）

银花、连翘、黄柏、苦参各9克，花椒6克，艾叶、冬青各30克，大葱3根。

制作：将配方药加水2 000毫升，煎取汁1 000毫升。

用法：待温后洗患处，每日2次，每次20分钟。

2.臁疮方（二）

臁疮方（二）

海桐皮、姜黄、汉防己、当归尾、红花、苍术、黄柏、蚕沙各12克。

制作：将配方药加水2 000毫升，煎取汁1 000毫升。

用法：趁热熏洗，稍凉后，用毛巾溻溃处，每日2次，每次20分钟。

3.臁疮方（三）

制法：将配方药加水1 000毫升，煎取汁600毫升。

用法：外洗。

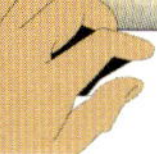

臁疮方（三）

马齿苋60克，黄柏15克，败酱草30克。

4.白油膏

白 油 膏

真桐油100克，防风、白芷各5克。

制作：将上药放油内泡一夜，入铁器内，慢火熬枯，去药沥净渣，将油再熬，等油将要滚时，用一个去壳鸡蛋，放油内炸至深黄色，去蛋不用，再将油用慢火熬。待油色极明，能照见人发眉，入白蜡六分、黄蜡四分溶化，立即用竹纸十余张，趁热浸入油内，一张一放一起，冷透火气。须张张隔开，风前吹透，若放在一起，虽数日火气难退，贴上毒气内逼，难以治愈。

用法：视疮大小，裁纸贴上，顷刻脓粘满纸，弃去再换，一日换十余次，数日脓尽，肉满生肌。脓尽后不贴，亦可生肌。脓多者黄蜡六分、白蜡四五分，不生肌者白蜡六分、黄蜡五分，不得稍有增减。

第四节　足部保健对常见病的治疗作用

传统医学认为，人的四肢与周身各条经络相联系，双足乃是足三阴经与足三阳经相交会的地方。经络内属于脏腑，外络于肢节，是气血运行的通路。现代生物全息论认为，人体器官有异常的时候，就会反射到足部。人体共有12条经络，其中有6条经过足，足这个仅有200平方厘米的狭窄部位却汇集了身体一半的经络，足部的常用穴位有50个之多，其中不少是某些经络的起止点，依据中医“远端取穴有奇效”的经验，足部这50个穴位里又蕴藏着许多对全身各部位的“特效穴”，可谓一足通全身。

经过足的6条经络是脾经、肝经、胃经、肾经、膀胱经、胆经，直接与脾、肝、胃、胆、肾、膀胱等脏腑器官相连。足就像人体的一面镜子，体内各种“影像”一照即现。倘若身体健康，足部的皮肤就会富有光泽；反之，如果足部皮肤发暗或缺少光泽，说明身体出现病态。如果身体某一器官有病变，也会在相应的足掌区域表现异常的颜色和形状或出现压痛点。

足又被人们称为人的“第二心脏”。这是因为人体内流动不息的血液是从心脏源源不断地输送出来，到达足底和足趾时已出现供血不足，如果在血行的半途上，能增加一次“搏动”，血液就会较快地回流，这要靠对足的刺激来实现。由于足部经络与内脏器官相连，如果增加足部的血运，就会改善内脏器官的血液循环。因此，足对全身疾病的治疗和保健具有非常重要的作用。

一、常见病的足部治疗与保健方法

足对常见病的治疗与保健方法很多，如足反射区按摩疗法、足部经穴按摩法、足部井穴放血法、足针疗法、足心贴敷药物法等。

（一）足反射区按摩疗法

此方法是将足部分作若干“反射区”，它们与人体的脏腑或器官有相应的联系。如按摩某个反射区时发生了痛感，说明相应的器官可能发生了疾病，按摩和刺激这个反射区，就可促进气血运行，使该器官消除障碍，治愈疾病，恢复正常。如按摩足心偏上心脏反射区可以治疗高血压；按摩足跖内侧缘，可缓解腹部的疼痛；压揉五个足趾根部可治疗假性近视；刺激趾可以增强记忆力。

对症足部按摩主要穴位

穴位	位　置	主　治
解溪	在足背与小腿交界处横纹中点	头痛、眩晕、腹胀、关节疼痛、下肢麻木等
冲阳	在足背第二、第三趾骨交接部稍近脚踝处	消化不良、胃痛、脸部浮肿等
陷谷	在足背第二、第三脚趾缝纹端直上 1.5 寸凹陷处	胃痛、腹痛、浮肿等
内庭	在足背第二、第三脚趾缝纹端	胃炎、三叉神经痛等
厉兑	在第二趾甲外侧，距甲角 1 分许	失眠多梦、下肢麻木等
然谷	在内踝前大骨下凹陷处	糖尿病、腹泻、破伤风等
太白	在足内侧，第一跖骨小头的后下方赤白肉际	胃痛、腹胀、便秘等
隐白	在大脚趾内侧，距趾甲角 1 分许	失眠多梦、腹痛、月经过多、消化道出血等
行间	在脚背第一、第二趾趾缝上凹陷处	眩晕、眼病、月经过多等
涌泉	在脚底中央，前 1/3 与后 2/3 交点处	高血压、失眠、心悸等
失眠	在足底，足跟部正中点	失眠、足底痛等

额窦
脑垂体
三叉神经
颞叶
鼻
头（大脑）
舌、口腔
小脑、脑干
血压点
颈
甲状腺
肺、支气管
胃
胰腺
十二指肠
输尿管
膀胱
肛门
生殖腺
（睾丸、卵巢）
食管、气管
耳
头、颈淋巴腺
斜角肌（斜方肌）
肩
心
腹腔神经丛
肾上腺
肾
脾
横结肠
降结肠
小肠
乙状结肠、直肠
骨盆腔
臀部

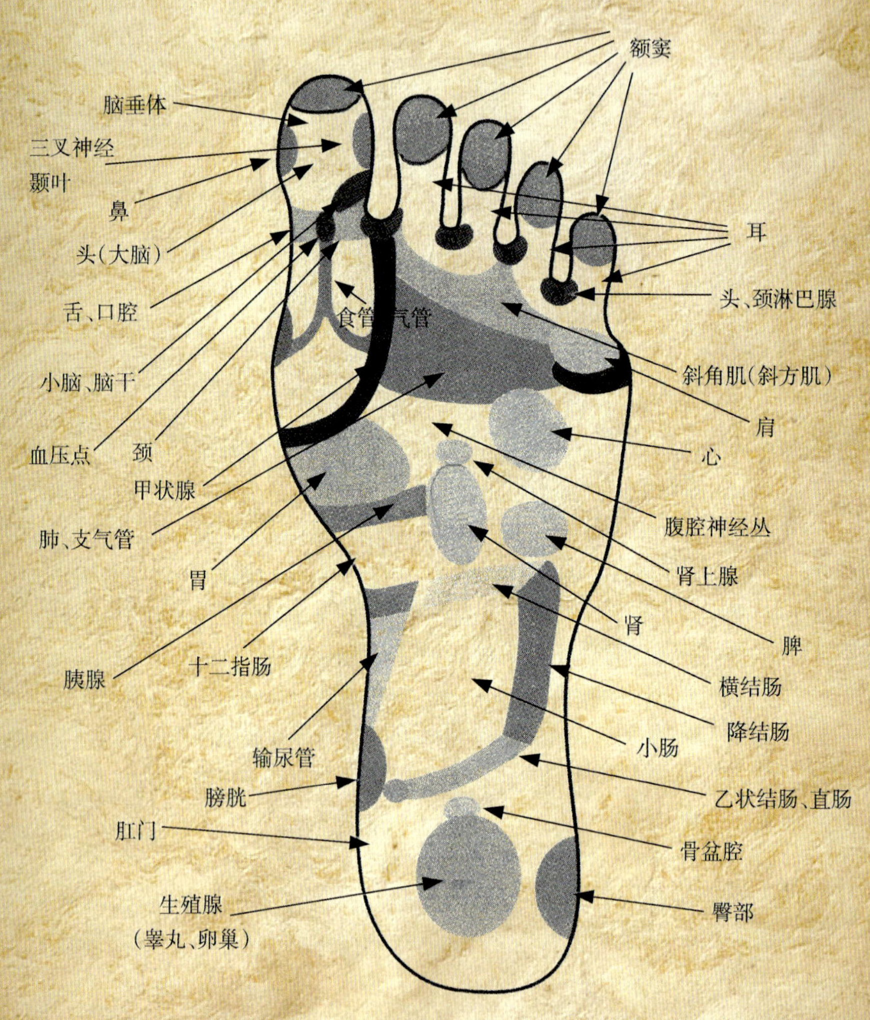

足部反射区

三阴交
复溜
交信
商丘
太溪
中封
大钟
然谷
照海
水泉
隐白
大都
太白
公孙
足三里
上巨虚
丰隆
条口
外丘
阳交
下巨虚
飞扬
涌泉
光明
阳辅
悬钟
跗阳
解溪
太冲
行间
大敦
冲阳
丘墟
内庭
陷谷
昆仑
足临泣
厉兑
侠溪
地五会
金门
申脉
仆参
足窍阴
束骨
京骨
至阴
通谷

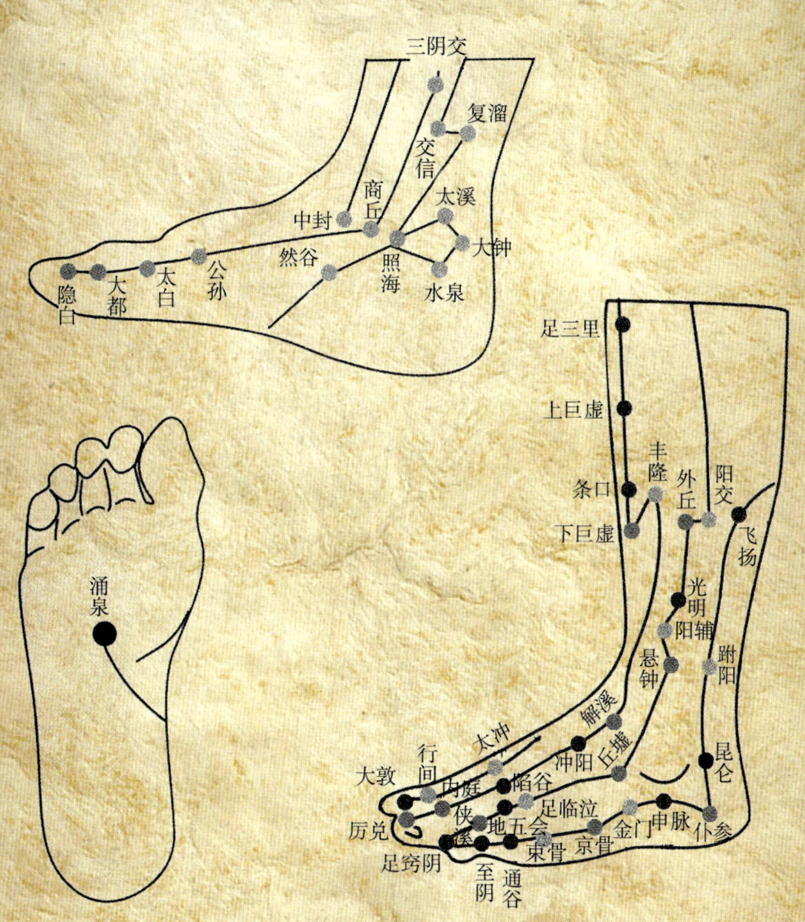

足部穴位图

（二）足部经穴按摩法

此法是根据疾病的部位和性质，在足部选取相应经穴进行按摩的方法。如强压刺激足部内侧的然谷穴可以消除咽喉异物感，指压或揉摩肾经的涌泉穴可以消除手足冷痹和过敏性鼻炎，擦搓足腕踝骨内侧后下方的水泉穴与足后跟两侧穴位能治疗妇女痛经，压按大趾甲内侧边的隐白穴和小趾甲外侧的至阴穴可以缓解胃酸过多症状。

（三）足部井穴放血法

在针灸治疗中，取足部的穴位，对全身疾病的治疗具有收效迅速的特点。特别是足部井穴的点刺放血治疗某些急症和痛症，常常可以取得十分明显的效果。如将第二趾甲外侧边的厉兑穴点刺放血，可以治疗咽喉肿痛和妇女经前乳房胀痛；点刺至阴穴可治疗腰部扭伤；点刺大趾甲外侧的大敦穴可治疗眩晕等。

（四）足针疗法

这种方法是把足底看成是脏腑器官和肢体的一个缩影，通过针刺足底的穴位来治疗人体的疾病。这种疗法与上述几种方法原理基本相同，是在足部30多个特定穴位上使用针刺。

（五）足心敷贴药物法

该疗法是由中医“上病下取，中病下取”的理论而得。通过药物对皮肤的刺激和渗透，经过经络的传递，达到疾病发生的部位，发挥治疗作用。敷贴的穴位主要是涌泉穴，因为涌泉穴为足少阴肾经的井穴，该处受摩擦少，皮肤娇嫩，对药物的吸收较快。足部敷贴疗法早在清代为吴师机所倡导，目前在我国的医务界中已经广泛地开展和运用，对呼吸系统、消化系统、妇科、外科以及儿科方面的疾病，都起到一定的治疗作用。许多医家还研制了各种益寿延年、健体防病的膏药，外敷足心，这对人体健康起到了很好的作用。

与敷贴疗法相近的中药洗足疗法也是一种简便易行、效果显著的家庭保健疗法。此法是通过中药煎煮浸泡外洗双足来治疗疾病，如治疗气管炎、关节炎、肾脏病引起的水肿等许多病症。

总之，足是人体健康的“一面镜子”，一足连全身，足部的情形可以反映全身的健康情况，通过足疗可治疗许多疾病，而且疗效显著。

二、足部导引疗法

导引疗法是祖国医学的一个组成部分，是保健治病的方法之一。足部导引疗法是将呼吸运动和足部运动相结合或足部运动同时配合整个躯体运动。

导引疗法起源很早，有资料表明该方法在春秋战国时期就已经广泛应用。隋朝的巢元方在《诸病源候论》中说：“外转两足十遍，引去心腹诸劳。内转两足十遍，引去心，五息止，去身一切诸劳疾疹。”说明了足部导引的保健强身作用十分明显。

足导引的形式较多。葛洪在《抱扑子》一书中说：“知屈伸之法者，则曰导引，可以难老矣。”可见古代的导引重在屈伸，与目前导引动作类似。宋代张杲，他在《医学》中介绍了一种搓滚舒筋法：“……大竹管长尺许，钻一窍，系以绳，挂于腰间。每坐则置地上，举足搓滚之。勿计工程，久当有效。”这种导引锻炼方法，目前仍在临床上应用。明曹士衍《保生秘要》中云：“临卧时，摩擦足心及肾俞穴，屈一足而侧卧，精自固也。”刘亚农所著的《二十世纪伤寒论》中述：“两手心搓极热，对搓两足心极热，存想吸气入涌泉穴，停留不去，久久行之，高枕而无忧，屡试屡验。”

（一）滚足导引

1.导引动作

患者取坐位，用毛竹一段或圆木棒一根，两足用力踩在上面做前后滚动。如一侧有病，则依靠健侧力量来帮助患侧做前后滚动。如两膝有病，前后滚动有困难，可在毛竹筒内穿一根绳子，握在手中来协助膝关节做前后滚动。一般前后滚动40～60次，每天锻炼2～3次。

2.导引作用

舒筋活血，分离粘连，活动膝踝关节。

3.适应范围

凡膝踝关节损伤后，关节失去灵活性，可用本法导引。久病之后，足部血液循环不佳，踝部、足背和足趾等不灵活者亦可采用此法。

4.按语

滚足导引在导引疗法中已有悠久的历史，以往多用于治疗下肢筋挛缩不能伸，久当有效。这一导引方法可提高足的灵敏性，年老者用此法锻炼更为有益，用此方法锻炼必须持久，才能取得好的效果。

（二）踝部导引

1.导引动作

取站立位，神凝气和，周身松弛，两臂平伸与肩齐，然后两臂后甩，此时自然抬起足跟，而后两臂前甩，足跟猝然着地，足跟落地时必须由丹田将气呵出成声，配合深呼吸20次。此项运动像“鹤飞”姿态，使全身由顶至踵均得到一次剧烈冲击震动。

2.导引作用

缓解头部充血，使足部有力，善步健走。

3.适应范围

足痛麻痹，胸腹痛胀，足背红肿，遗精便秘，小腿肌肉萎缩等症。

4.按语

此导引法属梅花桩练气疗疾功法，具有医治疾病、保健延年的作用。

（三）足尖导引

1.导引动作

取站立位，双手左右叉腰，身正神凝，全身松弛，徐徐将足跟部跷起，十趾着地跳动10次，再快速跳动若干次，使十趾穴位得到运动锻炼。

2.导引作用

疏经通络，健足强力。

3.适应范围

可防治全身无力，四肢麻木，腰痛、腿肿、便秘等病症。

4.按语

足尖导引健身法属于梅花桩练气的功法。此功以站桩动功为主，导引时意守涌泉穴，导引结束后要进行收气归原，类似“金鸡独立”。用右手按住右膝部鹤顶穴，左手按住右脚解溪穴、冲阳穴，使大腿弯曲，上提3次，力尽为止。而后稍稍放松弯曲的右腿，此时使全身放松，保持独立姿势，做深呼吸20次，将腿轻轻落地，用左手按住左腿膝部鹤顶穴，右手按左脚的解溪、冲阳穴。重复上述运动。

（四）足里合外展导引

1.导引动作

取仰卧位，两腿伸直，两足尽量分开，进而足尖用力向里合（即尽量内旋），而后再尽力外旋。如一侧髋关节病变，则锻炼一侧；两侧髋关节病变，则两侧同时锻炼。锻炼时，不要屏气，足部用力，臀部放松，里合外展作为一节。一般一次要锻炼50节以上，并根据症状不断增加，每天导引2～3次。

2.导引作用

润滑关节腔，松弛肌肉，灵活关节。

3.适应范围

损伤后期髋关节粘连，髋臼失去灵活性，关节周围肌腱、韧带挛缩，下肢肌肉萎缩等。

4.按语

足里合外展导引健身法一般适用于外伤后髋关节活动受限制的早期患者，通过锻炼使活动能力增大后，则起床站立做甩腿横展导引，经一段时间锻炼后，酸痛消失，再运用其他导引方法，不断增加导引量，逐步使髋关节活动趋于正常。

（五）翻足导引

1.导引动作

取坐位，两足并拢，两下肢同时用力，使两足做内翻活动，幅度由小到大。一般内翻10～20次，每天导引2～3次。

2.导引作用

可使足部骨位产生摩擦，而起到分离筋膜粘连、祛瘀通络的作用，使足部骨位平衡。

3.适应范围

足背与踝关节损伤后，内翻活动受限，舟骨内侧隆起，距骨与舟骨关节粘连，失去活动功能等病症。

4.按语

翻足导引法对于痉挛性平足和踝关节内翻活动受限者有良好的疗效。此外，副舟骨局部有高突畸形，内翻活动有不同程度受限者亦可选用此导引法。

（六）跪足导引

1.踝关节跖屈法

（1）导引动作　采用跪膝位，单足损伤则一腿跪下，两足损伤则两腿跪下。脚趾伸直呈屈位，脚背贴在地面上。患者用臀部坐于足跟上，一起一落活动踝关节。臀部一起一落作为一节，连做10节左右，每天锻炼2～3次

（2）导引作用　分离粘连，松弛收缩的肌腱，灵活关节。

（3）适应范围　踝关节骨折、脱位、挫伤等外伤后，骨位失去平衡，内部筋膜粘连，足背和踝关节伸屈活动受限等病症。

（4）按语　跌打损伤，踝部骨折、脱位或软组织损伤后，踝关节粘连，跖屈活动受限者可用此法锻炼。在锻炼中有轻度疼痛，如疼痛反应过重，则臀部坐落时不要过于迅速。

2.踝关节背屈法

（1）导引动作　开始准备动作同踝关节跖屈法，但五趾掌面着地，臀部坐于足跟上面，不断向下做挤压活动。单足有病则跪单足，双足有病则跪双足。臀部一起一落作为一节，连做10节左右，每天锻炼2～3次。

（2）导引作用　松弛腓肠肌及跟腱，使前后肌腱达到平衡状态。

（3）适应范围　足部损伤，足跟不能着地，及由此引起的腓肠肌胀痛，后侧跟腱挛缩，附在内外踝骨的筋膜粘连等病症。

（4）按语　此法为踝关节背屈动作，凡是足部或踝部损伤引起的小腿后侧肌肉或跟腱挛缩，踝关节背屈活动受限，行走不利等症状，均可采用此法导引。

（七）吐纳功足导引

1.导引动作

坐在床上，两膝内屈，手捏脚前掌，一侧腿痛两手捏一侧足，两侧腿痛两手分别捏一侧足，拇指在脚背部，其余四指放在足底部，微向后用力拉，使足心外凹。做此导引时要配合呼吸动作，吸气时小腹突起，呼气时口念“吹”字，并放松痛处。每次可练数分钟至10分钟。

2.导引作用

活动关节，疏通经络，久之痛处发热、汗出。

3.适应范围

足部软组织损伤、关节痛及下肢神经痛。

4.按语

此导引法是八卦太极功的一部分，主要特点是吐气时念“吹”字，有利于放松肌肉，使关节、肌肉损伤处有热感并出汗，疏通经络，解除病痛。

（八）涌泉穴按摩导引

1.导引动作

患者屈膝而坐，闭目宁神，全身放松，右手心对左足心进行顺时针按摩100圈，而后用左手心对右足心进行顺时针按摩100圈。

2.导引作用

调心、补肾、安神、固元。

3.适应范围

此导引具保健功能，适用于慢性病患者。

4.按语

此法多用于心神惊恐，舌干咽肿，咳吐带血，腰痛，大便难，胸胁满闷，头痛目眩，身项痛，肾积寒，肾气亏损，饥不嗜食，足下冷至膝，小便不利，心绞痛等。此导引法与涌泉穴自我按摩术不同之处是此导引法用意不用力，如进行左足导引，则右手手心对左涌泉，而左手外劳宫(手背)对准左肾俞穴(后腰部)或用劳宫穴对准关元穴(脐下三寸)。

三、足部导引的注意事项

第一，最好在导引前洗足、宁神，并做必要的准备活动。

第二，足部导引保健的方法大部分类似于足部疾病的功能恢复训练，一定要遵守循序渐进的训练原则，一般每天可导引2次，每次10～20分钟。部分导引可适当延长时间，如滚足导引法可以在看电视的长时间内进行。此导引经常进行，一方面可提高足部功能，另一方面可起到足底按摩的作用，长期坚持定会大有益处。

第三，足部导引要注意掌握意念，不能过重，宜若有若无，似守非守，顺其自然。

四、足部保健操

（一）促进足部血液循环的保健操

将五根手指依次插进脚趾间，内外转动脚踝各10圈。

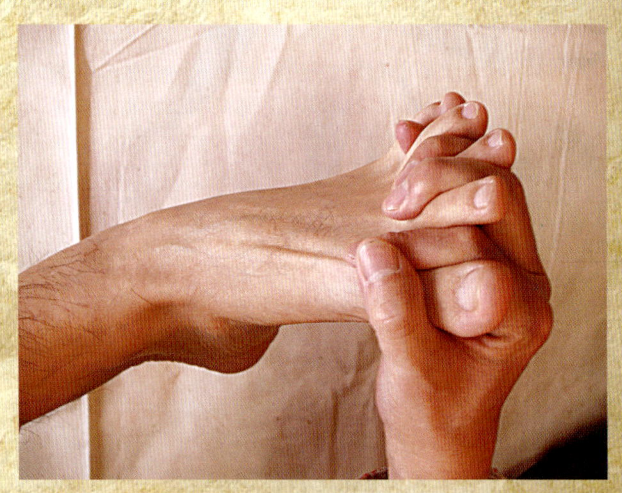

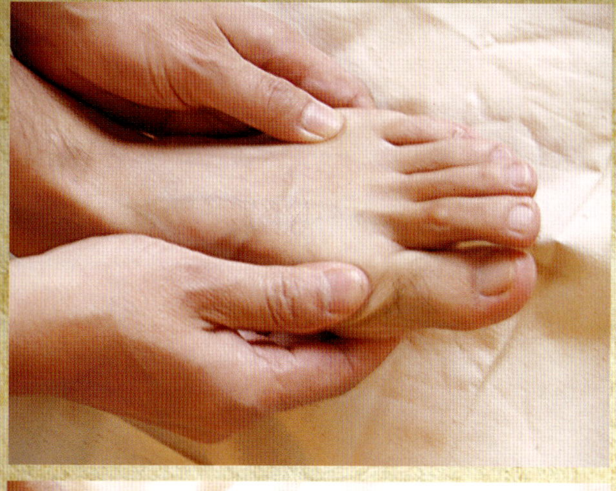

左右手交替按揉蹈趾根部到脚跟部，持续进行10分钟。

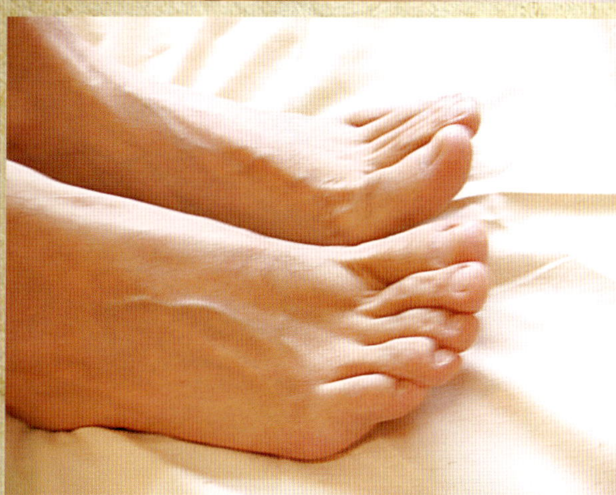

双足一起做屈趾、伸趾运动30次。

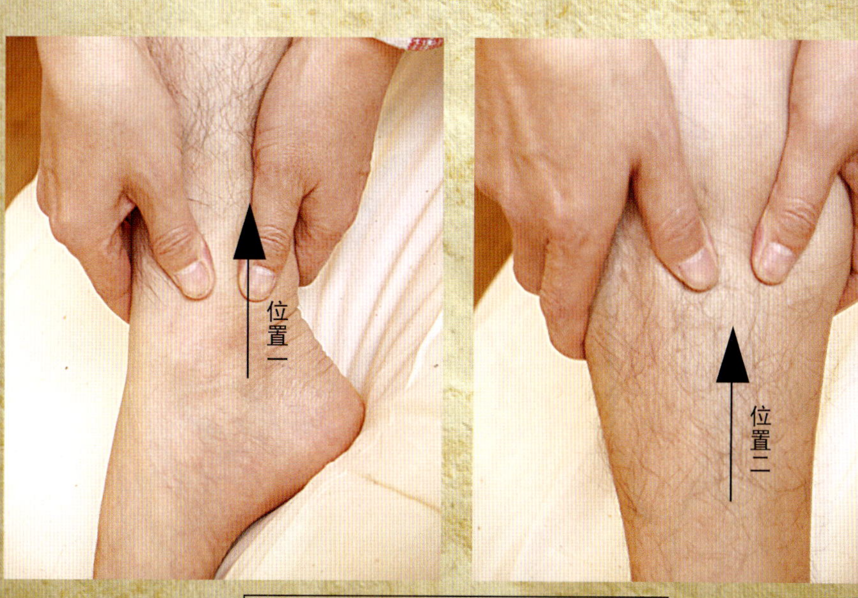

从蹈趾侧面向上至小腿内侧交替指压。

（二）消除酸胀的足部按摩操

中医认为脚是人体很重要的一个部位，因为脚上的很多穴位都对应着人体的很多重要器官，对脚进行按摩可以直接对人体的各个器官起作用。

将脚掌面向前推，并将脚掌面向上按压，持续约10秒。

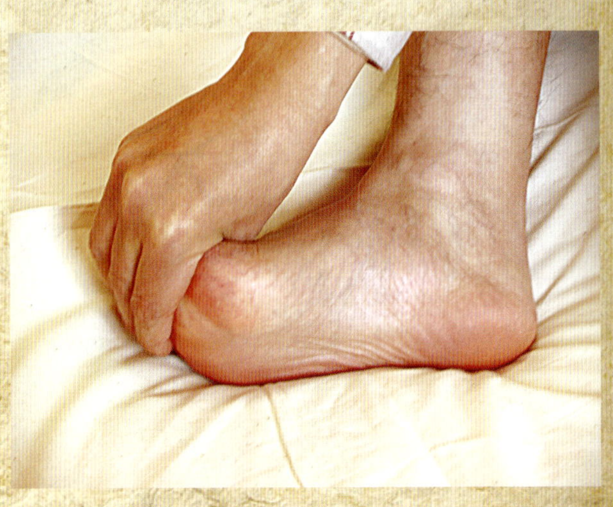

一手掌根压住脚后跟，另一手以掌根压住脚趾根部，使劲揉压所有的脚趾根。

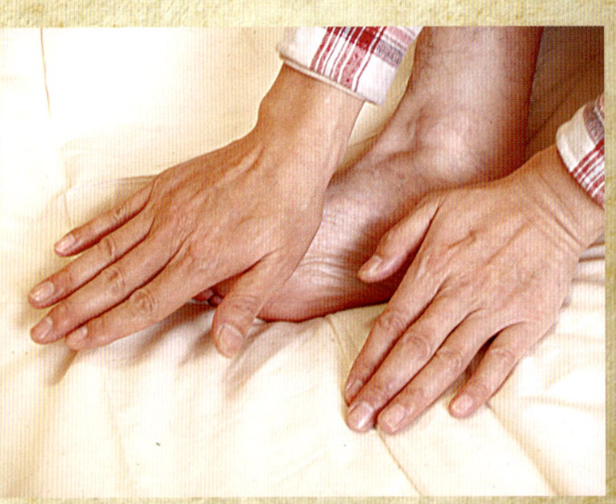

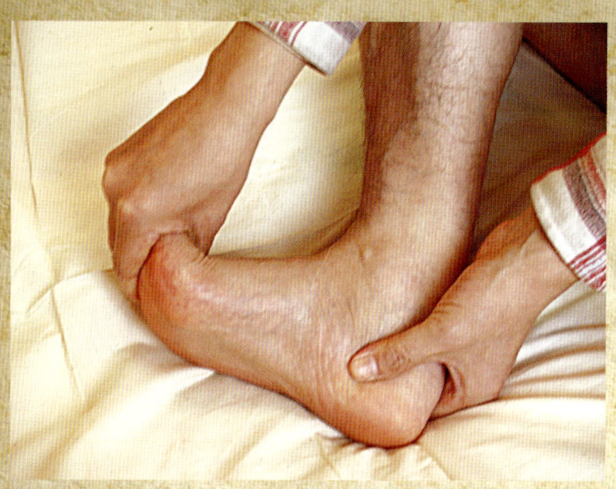

一手抓住脚跟上部，同时将脚跟往上拉，另一手将脚前掌向上按压。

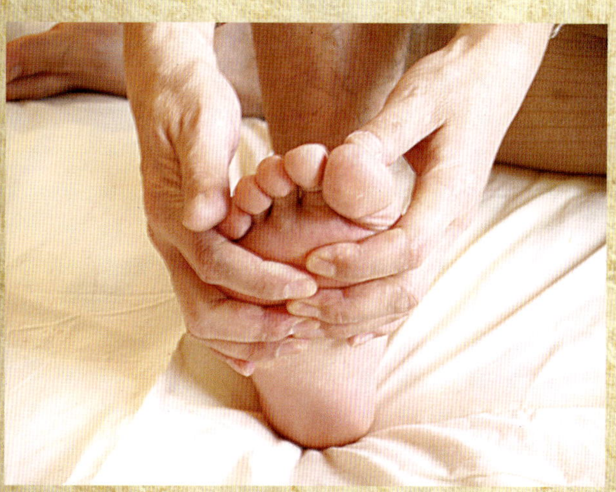

双手捏住脚掌两边，将脚掌向前推，然后再向相反方向拉，重复多次。

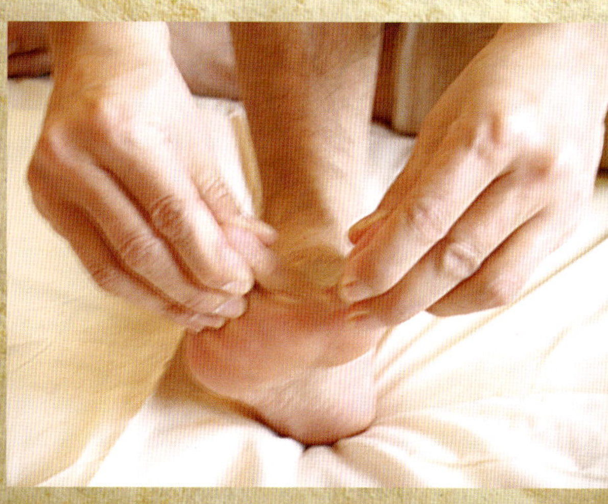

捏住相邻两只脚趾，慢慢将它们掰开，可以舒展皮肤，每只脚趾都轮流做一遍。

一手抓住四只脚趾，另一手抓住踇趾，双手一起向相反方向轻拉脚趾，然后抬起腿，轻轻摇动几次。双脚轮流做一遍。

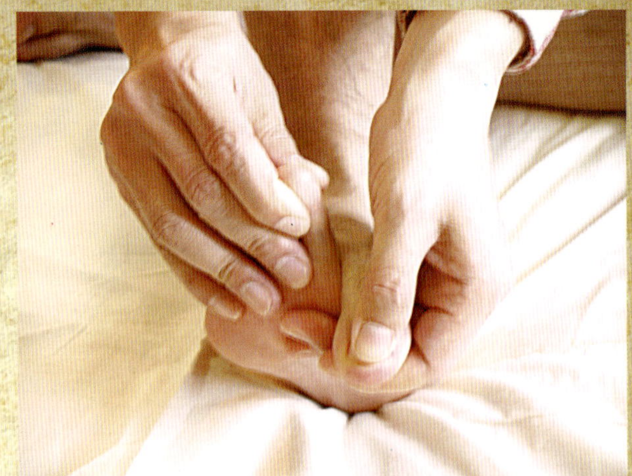

一手抓住四只脚趾后拉，另一手拇指指腹揉外踝与跟腱之间凹陷中的昆仑穴，约30次。

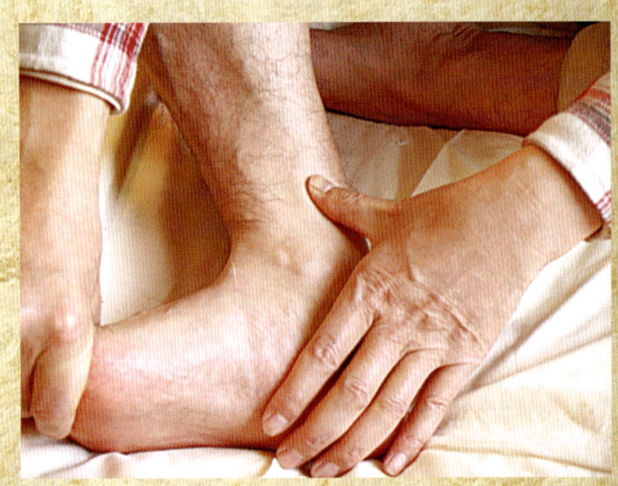

以一手拇指指腹按揉内侧脚踝上约10厘米处的三阴交穴，约30次，一般以双手交替揉对侧足部的三阴交穴比较方便。

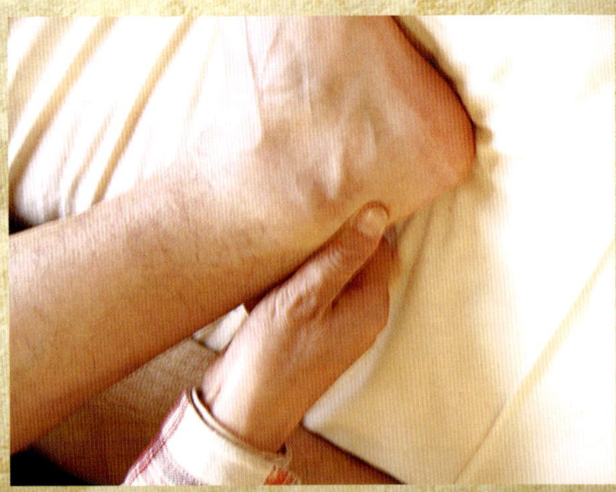

第七章　开店必读

你开的店为哪个群体服务，你的顾客就在哪里。

修脚店不同于洗脚店，技术决定生存。

老板是什么样的人，就会影响和造就什么样的员工。

第一节　修脚店的定位与选址

一、修脚店应该怎样定位

开修脚店之前，你必须弄清楚服务对象是谁，为谁服务。

不同的服务对象，对应的环境、设施设备、技术要求、员工素质等也不一样。

专业修脚不是休闲洗脚那种店，修脚店应在治脚病的基础上，延伸一些休闲服务才是准确的定位。

一般情况下，专业修脚店宜小不宜大，甚至在招牌上可以打着“泡脚加按摩加修脚=10元”的广告。十来平方米的空间里摆着五六张躺椅，主要面向小区住户、中老年人和普通工薪阶层即可。

这类店营业时间有两个高峰期，一是午饭过后，很多白领吃完午饭就会结伴前来放松精神。现在的白领每天在电脑前的时间太长，很多顾客都患有坐骨神经、颈椎、肩肌方面的疾病。另外有不少年轻女孩瘦身、节食不当，冬天手脚冰凉，为改善气血而来。二是晚上7：30~10：30期间，光顾的多是泡脚和按摩的老年人。

二、修脚店应该开在什么位置

修脚店一般开在小区住户较密集的地方为妥。

酒好也怕巷子深，太偏僻的地方，顾客不方便到达，生意也不会好到哪去。

修脚可以和大型洗浴场所联合，把店面延伸到别人经营的区间内，派出技师，共同分成。这种模式实际上是变相开店，技师依托在店里，店面延伸出去。这种情况下，店面要尽量靠近大型洗浴场所。

第二节　修脚店老板素质与店长职责

一、老板必备的素质

在修脚这一行，技术达到一定水准的有志者，都想自己开店当老板，这也是由打工到创业的一次飞跃，值得提倡。

那么，开创一家专业修脚店，需要具备哪些条件呢?

我认为，除了必须有过硬的专业技术（包括刀功、药物组配）外，最好有开店的各种经历，亲身在修脚行业做过一两年的最好，开店要有艰苦创业的坚强意志，能应付各种困难。如果没有经验和坚强的意志，那么一旦开业运营，会遇到很多意想不到的困难，便将束手无策。

开修脚店要有一定的经济能力，不仅要有充足的资金把店开起来，还要有备用金做最坏的准备，如果生意不佳，也能支撑一段时间（能赔得起），以调整策略，等待转机。

老板要有很好的人缘，要有亲和力，有为人服务的热情。

聪明的老板只做三件事：

一是选好人、用好人、养住人。优秀的技师是修脚店生意红火的基本保证，一支精干和稳定的队伍是开发客源的利器。

二是理好财、管好物。老板不能天天泡在店里，日常经营和管理委托给店长是必然的，但老板决不能过分信赖店长，一切大撒把，不管不问。

理财是要求经营账目要清楚，财不流失。

管物是查看各种消耗品要物尽其用，物不截留。

三是开发客源。会员制也好，打折优惠也好，把消费者吸引到店里才是真本领。

二、店长职责

修脚店店长为老板工作，必须有一流的技术，因为员工跟着你能学到更多更好的技术，所以管理上就容易很多。另外，店长必须具备很好的素质修养和组织能力，凡事不用亲自动手，但要管理到位，对上对下，对顾客都要负责任。

店长日常工作如下：

1.卫生清扫与检查

在服务场所，特别是修脚这个行业，店面卫生十分重要。

保持店面清洁卫生，不但能使顾客更加满意，还能提高顾客对本店的亲和力，也利于巩固团队严谨的工作作风，随便走进哪家修脚店，你只要仔细看一看它的卫生情况，员工的素质和敬业精神，已经不言自明，作为一家修脚店店长，应该严格要求员工把店面卫生搞好。

对于需要每天清洁，每周清洁的项目，店长应该分类制定明细表，并制定标准。

一般来说，地面、沙发、按摩床、卫生间、供水房、茶具、卫生用品等项目，以及物品，摆放都属于每天整理的项目。

每周全面彻底大扫除一次，专门对卫生死角进行打扫，如对沙发、按摩床、茶几、顶棚、壁墙壁画、企业文化园地等处，该移位打扫的一定要移位打扫。

为了分工明确，需要制定有关的制度，如分片包干或分工到人，循环轮流制，把客人房间、水房、卫生间分成几个区，每人或两人一组，负责一个区，每周换一班，大家轮流值日，不偏不向。

店长要在每天上午十点考勤一次。

督促修脚师更换好工装，要求每个员工树立好个人形象。

店长在检查卫生的基础上，酌情对卫生清洁工作进行点评，对卫生不合格的地方提出诚恳的意见，鼓励员工去弥补、改正，尽可能避免批评。

2.例会

例会是宣传企业形象、倡导团队精神的最简单、最有效的一项举措。例会又是提高团队士气，构建巩固企业文化的一种方式。

店长可以选择一些振奋人心的口号，亲自领读，让员工跟读，比如：

我是一名高级修脚师，我最棒。

我是别人的榜样，我举手投足都是一种风范。

我面对每一个顾客要真诚地微笑，我的每一个微笑都发自内心。

……

内容口号可以经常调整、更换。

店长先读一句，员工再集体跟读一句，声音一定要洪亮，吐字一定要清晰。

例会后，让员工回店里进行下一步工作，总结前一天的成功经验，让大家相互交流学习。提出疑难问题，查找失误。

店长在例会后要确定员工每天接待顾客的轮换次序，避免修脚师为逐利而争抢顾客现象的发生。然后整理顾客资料。做好外出派单或电话跟进客户工作。

店长要做好物品采购等方面的工作。

店长要安排好员工当日的生活。

店长征求顾客意见是营销的重要手段。征求顾客意见的最佳时机应在顾客没有急事的时候，一般来说不要急于送顾客离开，更不要冷落顾客，而是在赞美顾客之后，及时为顾客倒一杯茶，让一个座，递一支烟等，礼貌地与顾客聊一会儿，聊天的内容应投其所好，如喜欢足球的就聊足球，喜欢小说的就聊文学电影，喜欢旅游的就问问人家旅游的感受，喜欢汽车的就聊聊新款的汽车……沟通可以拉近与顾客的距离，成为顾客的朋友，成为朋友之后，再问问顾客哪儿还不满意，是否需要送一些优惠，进而做一些营销跟进。

3.处理顾客投诉

首先要端正服务于人的思想，要换位思考，认真听取顾客的意见，加强和顾客的沟通，妥善处理顾客各方面的意见和建议，并认真做好相应记录。

对顾客表示理解和同情，凡事都要从自身查找所发生问题的原因，要记住顾客永远都是对的，不要推卸责任。

遇到皮肤过敏反应这种情况，首先责怪自己的员工没有细心做好治疗前的了解，是一种失误，应尽快的终止用药，结束过敏反应，并细心询问相关细节，寻找原因所在，如自己处理没把握，应及时求助于技术比自己更高的修脚师。

对于善后问题的处理，如责任真的在己，应勇于承担责任。

一旦出现问题，如果对方提出过分的要求，则不要轻易表明态度，应多与顾客沟通，分析对方要求的底线，再做商议。

当得知错不在员工，应在不影响大局的情况下，适当做出让步，以退为进，之后再对修脚师进行安抚。

下班前，落实当天营销情况，落实员工的业绩，办卡盘点，零销盘点。

安排第二天所需，包括一次性床单、酒精、各种药物，以便及时配制，以免影响第二天生意。

4.店长秘诀

整理顾客资料，对每一位顾客的资料都应详细记录，比如顾客“生日”、“结婚纪念日”等，发短信庆贺，或送足疗、修脚等，点点滴滴让顾客感到修脚店的关怀。

有针对性的服务，出诊是获得新老顾客最直接的有效手段。

电话跟踪服务，是修脚店向外延伸服务的有效手段。比如顾客用了你的药，隔一天问候一下疗效等。

在员工管理上，店长要有信心和爱心。

（1）关心员工　时刻注意观察员工的思想动向，努力做到不让员工带气上岗，使每一个员工都有上进心。培养员工以店为家的思想，把店里的事当成自己的事情去做。

店内标语：“今天工作不努力，明天努力找工作”，对内提醒员工好好工作，对外让顾客感觉到这里的管理严格，员工是不会瞎干的，以提高顾客的信任度。

（2）员工思想工作　在无顾客的情况下，员工会情绪低落。一般来说，当员工情绪高涨时，员工会主动与顾客或同行聊天，一天欢笑，这天的营业额会很高。当员工之间闹矛盾，或生意特别差时，店里死气沉沉，营业额会直线下降。当你发现一个情绪低落的员工时，不要随意高声批评和指责，应与其谈心，找出问题，尽可能帮助员工恢复乐观的情绪，年青人无精打采，委靡不振，多半原因是下班后去网吧上网时间太长，或饮酒过度，或与朋友吵嘴斗气……必须探明原因，才能对症下药。

（3）店内无顾客是员工培训的好时机　店里没顾客时员工进入休息室，心情放松，恢复体力和精力，是无可厚非的。但员工总待在休息室，当顾客进店后，得不到“欢迎光临”、“您好”的问候，会令人兴致大减。怎么办呢？空闲时，起码要留二人以上在大厅值班，随时接待来客。另外，大家坐在一起交流技术、学习服务礼仪等也是不错的选择。

（4）待客　对顾客寄存的物品要十分注意，要“毫无差错的物归原主”，如不要让顾客寄存的衣服折压、起褶。

（5）关心女员工　当女员工出现腹痛，精神不振，懒言，无缘无故情绪不稳，喜怒无常时，要留心观察，有可能是经期的正常反应，不要指责她们，关心是唯一的好方法，比如送一杯热气腾腾的红糖水啊，一句了解其家乡状况的爱心问候啊……

女性痛经缓解按摩：

第一种：合谷穴、血海穴、鹤顶穴、膝眼穴、三阴交穴。

第二种：气海穴、关元穴、中极穴。

（6）正确处理员工的急躁情绪　当今社会，独生子女较多，从小娇生惯养的就业者，一般不懂得与同行和睦相处，服务于人的意识淡漠，容易产生急躁情绪。

新员工刚进修脚店时，一般不敢冲师傅发火，可能会板起脸不高兴。员工第一次顶嘴时，不要与其计较，先不理睬他，等他心情平静下来，再细心开导，引入正道。员工第二次顶嘴时，决不能容忍，一是他认为师傅软弱好欺，二是会给其他员工造成坏的影响，这种人总是曲解人意，给管理带来麻烦。店长可以明确告诉他：“修脚店不同学校、家庭，不是教育人的地方，是培养人的地方，是用劳动换取报酬、学艺创业的地方，如果你不改正自己的言行，请你离开。”

（7）向顾客推荐业务　首先修脚师在给顾客修脚时，要检查准确顾客得了什么脚病，不及时治疗会产生怎样的结果，我们店对这种病治愈率达到98%，费用与同行比较低，用药次数少。只要你把道理讲清楚，顾客听着在理，就可能让你治，但不要过于夸大其词，对顾客的承诺，一定要落实到行动中，更不要欺骗顾客，只要你做得好，顾客会给你带生意的。

5.降价的最低限度是多少

第一，不要随便公开降价。

第二，顾客生日时，照顾性收费。

第三，顾客给你带来新顾客时，给老顾客悄悄打折。

第四，过节假日，公开降价。

6.当众表扬，悄悄批评

当员工做出成绩，接待客人非常出色，或处理顾客无理取闹，或成功处理好顾客的投诉与纠纷时，要当众表扬，不仅是对当事人的鼓励，也同样激励其他人为了得到老板的重用，而努力工作。表扬时大肆渲染，批评时轻描淡写，这是秘诀。当然，实际工作起来也很困难，但是应尽量以此为准则来做员工的管理工作。

批评员工，当员工干错事，就应该批评，可在当事人已经承认错误的前提下，若再当众受责，挨批评，则可能使员工产生怨恨的情绪。大多数人认为在众人面前挨批，可以使犯错者得到教训，引以为戒，批评的效果更佳，而且也可以杀鸡给猴看，得到一箭双雕的效果，但是批评教育的最终目的不是给他难堪，而是教育他不要犯同样的错误，若反而使当事人怨恨，则你做的批评工作就没有得到预期的效果，应该把他叫到无人处，悄悄地对他说服教育。讲明危害，受批评的人保住了面子，自尊心没有受到伤害，就不会产生怨恨心理，自然就心服口服，以后更加好好工作。

7.要总结前任店长的优点和经验教训

在工作清闲时，要经常找老员工以及有主见的员工聊天、谈心，在海阔天空瞎聊时，注意听取前任店长的优点和失误，以便在今后的工作中吸取教训和经验，为以后自己当老板打下良好的基础。

参考文献

[1]茅建民.扬州修脚工艺技术.上海：上海科学技术出版社，2004.

[2]吴谦等.医宗金鉴.北京：人民卫生出版社，2005.

[3]鲍相璈纂辑，梅启照增辑.验方新编.苏礼等整理.北京：人民卫生出版社，2008.

[4]王维德.外科证治全生集.胡晓峰整理.北京：人民卫生出版社，2006.

[5]陈实功.外科正宗.胡晓峰整理.北京：人民卫生出版社，2007.

[6]沈金鳌.杂病源流犀烛.田思胜整理.北京：人民卫生出版社，2006.

[7]杨建宇，顾晓静，魏素丽，等.华佗秘传神方.郑州：中原农民出版社，2009.

[8]陈士铎.石室秘录.王树芬，裘俭整理.北京：人民卫生出版社，2006.

[9]徐三文，张志明，汪厚根.中国皮肤病秘方全书.北京：科学技术文献出版社，2005.

[10]孙思邈原著，宋齐轩编著.图解千金方.海口：南海出版公司，2008.

后 记

近几年来，随着人们健康意识的逐步提高，大中城市的修脚店如雨后春笋，修脚行业得以迅速发展，健足这一国粹绝技得以发扬光大，这充分证明了人们对健康越来越重视。

自古以来，养生保健就讲究防重于治，怎么防呢？疾病的早期发现还得依靠自己，如果每一个人都懂一点自查疾病的知识，完全可以将疾病消灭在萌芽状态。这正是出版此书的要义。

当今社会提倡创业，开办修脚店是创业者致富的好渠道，而开店不仅需要技术过硬的人员，更需要懂管理、会经营的人才，本书从技法、经营和管理层面为读者展示了一个组织合理、分工明确、指挥灵活、信息准确、制度科学的修脚店运营模式，并提供了一整套修脚技法。

修脚行业要发展就必须有创新，提高临床疗效是必由之路，而提高临床疗效的捷径，就是在继承前人宝贵的诊疗方法和丰富的临床经验的基础上厚积薄发，基于这种理念，本书精选了一些古方秘典，收集了很多偏方验方，以便借鉴。在此对所引用原创资料的作者表示诚挚的感谢！

如果您在修脚或开店方面有什么宝贵经验和体会，欢迎随时和本人联系交流。

联系电话：15188322033

2011年3月18日于郑州